W0262151

Schriftenreihe Neurologie
Neurology Series

19

Herausgeber

H. J. Bauer, Göttingen · H. Gänshirt, Heidelberg · P. Vogel, Heidelberg

Beirat

H. Caspers, Münster · H. Hager, Gießen · M. Mumenthaler, Bern
A. Pentschew, Baltimore · G. Pilleri, Bern · G. Quadbeck, Heidelberg
F. Seitelberger, Wien · W. Tönnis, Köln

Johannes Jörg

Die elektrosensible Diagnostik in der Neurologie

Mit einem Geleitwort von E. Bay

With 33 Figures

Springer-Verlag
Berlin Heidelberg New York 1977

Privatdozent Dr. Johannes Jörg
Neurologische Klinik der Universität Düsseldorf (Direktor: Prof. Dr. E. Bay),
Moorenstraße 5, D – 4000 Düsseldorf 1

ISBN-13: 978-3-642-66652-0   e-ISBN-13: 978-3-642-66651-3
DOI: 10.1007/978-3-642-66651-3

Library of Congress Cataloging in Publication Data. Jörg, Johannes 1941 – Die elektrosensible Diagnostik in der Neurologie. (Schriftenreihe Neurologie ; 19) Bibliography: p. Includes index. 1. Spinal cord—Diseases—Diagnosis. 2. Evoked potentials (Electrophysiology) 3. Sensory-motor integration. 4. Brain—Diseases—Diagnosis. I. Title. II. Series. RC400.J63 616.8′04′754   77-5689

Geleitwort

Mit der Elektroencephalographie und der Elektromyographie hat die Neurophysiologie zwei wichtige Beiträge zur klinischen Routinearbeit geleistet, die aus der Funktionsdiagnostik einerseits des Gehirns, andererseits des peripheren Nervensystems nicht mehr wegzudenken sind. Es fehlte bisher aber eine vergleichbare funktionsanalytische Untersuchungsmethode für den Bereich der Rückenmarkspathologie. Eine solche Funktionsanalyse wird aber möglich durch die Untersuchung der somatosensorischen Reizantwortpotentiale (SRAP), deren Ablauf ja u.a. auch vom funktionellen Zustand bestimmter spinaler Systeme abhängt.

Als Ergebnis langjähriger experimenteller und klinischer Untersuchungen beschreibt Herr Jörg im vorliegenden Buch die Grundlagen und die Untersuchungsmethodik der SRAP sowie ihren normalen Ablauf und ihre pathologischen Veränderungen.

Der zweite spezielle Teil enthält die SRAP-Befunde bei den verschiedenen klinischen Krankheitsbildern im Vergleich mit dem klinischen Befund und mit anderen zusätzlichen Methoden wie z.B. der Myelographie. Dabei zeigt sich, daß die Untersuchung der SRAP vor allem bei den Rückenmarkserkrankungen durch keine andere Methode zu ersetzen ist. Hinzu kommt als weiterer wichtiger Punkt, daß die Untersuchung der SRAP ebenso wie EEG und EMG eine ungefährliche, beliebig wiederholbare Methode darstellt und schon in dieser Eigenschaft den operativ-diagnostischen Methoden überlegen ist. In der Tat ist sie uns inzwischen schon zu einer unentbehrlichen Hilfe bei der Diagnostik von Rückenmarkskrankheiten geworden, der man im Interesse der Patienten eine rasche und weite Verbreitung wünschen muß.

Düsseldorf, April 1977   E. BAY

Dankesworte

Herr Professor E. Bay, mein hochgeschätzter klinischer Lehrer, hat mit seiner Hilfe und seinem Entgegenkommen die Entstehung dieser Arbeit entscheidend gefördert. Herrn Professor Baust gilt mein besonderer Dank für die fortwährende Unterstützung bei allen neurophysiologischen und technischen Problemen. Ohne seine Hilfe wäre die Arbeit in dieser Form nicht möglich gewesen.

Den Mitarbeitern der Neurochirurgischen Kliniken von Düsseldorf und Essen, insbesondere aber Herrn Professor H. Kuhlendahl, dem Direktor der Neurochirurgischen Universitätsklinik in Düsseldorf, danke ich für die Überlassung zahlreicher neuroradiologischer Ergebnisse und aller Operationsbefunde.

Nicht zuletzt gilt mein Dank aber den Patienten und Mitarbeitern in und außerhalb der Neurologischen Universitätsklinik in Düsseldorf, genannt seien in Vertretung für alle besonders Frau B. Schaepers und Herr M. Riege.

Meine Frau Christel hat nicht nur manche Zeichnung mit Geschick und Sorgfalt angefertigt, sondern auch mit viel liebevoller Geduld und Mühe die Zeit der Fertigstellung durchstehen helfen.

Ihnen allen sei an dieser Stelle aufrichtig gedankt.

Düsseldorf, April 1977   JOHANNES JÖRG

Inhaltsverzeichnis

Einleitung

Reize aus der Umgebung können beim gesunden Menschen im wachen Zustand eine Sinneswahrnehmung hervorrufen. Elektrophysiologisch führt jeder Reiz auf ein Sinnesorgan zu einer Änderung der bioelektrischen Hirnaktivität. Dabei kann die Erregung, die über eine sensorische Leitungsbahn geleitet im Gehirn eintrifft, die rhythmische Spontanaktivität des ZNS unterbrechen und eine synchronisierte Tätigkeit cerebraler Funktionseinheiten auslösen.

Erstmals hat Beck 1890 am Hund nach Reizung des Auges elektronegative Spannung im Lobus occipitalis der gegenüberliegenden Hirnhemisphäre ableiten können. Weitere Ergebnisse am Rückenmark des Frosches nach peripherer Nervenstammreizung machten ihn zu einem Anhänger der damals heftig umstrittenen Lokalisationstheorie der Hirn- und Rückenmarksfunktionen, obwohl es ihm im Tierversuch nicht gelang, herauszufinden, ob jeweils bestimmte Hirnzentren nach Reizung eines zentripetalen Nerven „in Tätigkeit" geraten.

Während nämlich die Entdeckung der motorischen Projektionsfelder eine rasche Entwicklung der Hirnforschung einleitete, waren der Untersuchung cerebraler Spontanaktivität und dem Nachweis von Reizantworten durch das Fehlen geeigneter Registrierverfahren von vornherein Grenzen gesetzt. Im Gegensatz zu den spontanen Spannungsschwankungen waren gerade die reizabhängigen Hirnantwortpotentiale nur wenige Mikrovolt groß, so daß sie innerhalb der Störgrenze damaliger Meßgeräte lagen und am unverletzten Schädel nicht nachweisbar waren.

Erstmals gelang es Dawson (1947a) bei einem Patienten mit Myoklonusepilepsie, die corticale Antwort nach elektrischer Reizung eines peripheren Nerven durch photographische Überlagerung reizsynchroner EEG-Abschnitte am Oscillographenschirm sichtbar zu machen. Diese richtungweisende Entdeckung wurde durch die Tatsache ermöglicht, daß bei diesem Krankheitsbild die Amplitude des corticalen somatosensorischen Reizantwortpotentials (SRAP) gegenüber Normalpersonen bis zu 10mal größer ist. In weiteren Versuchsreihen (1947b, 1950) konnte Dawson dann auch bei 12 von 14 Versuchspersonen mit der photographischen Überlagerungstechnik nach entsprechender Nervenreizung über dem Hand- bzw. Fußfeld betont ausgeprägte Antwortpotentiale nachweisen.

Die Summationstechnik zur einwandfreien Darstellung der niederamplitudigen SRAP wurde jedoch erst 1954, wiederum durch Dawson, entwickelt. Erst mit dieser methodischen Verbesserung war es möglich, die nach jedem Reiz an der Schädelhaut abgeleiteten EEG-Schwankungen aufzusummieren. Dadurch vergrößern sich im Summenpotential die Amplituden der spezifischen Reizantwort, während die reizunabhängigen Potentialschwankungen gegen Null konvergieren. Die heute zur Verfügung stehenden Mittelwertrechner haben besonders Halliday und Pitinau (1965) weiterentwickelt, und Rechner solcher Art ermöglichen eine sehr genaue Registrierung und Analyse der Reizantwortpotentiale (RAP).

Die Möglichkeit, Sinnesreize in dieser Form meßbar zu machen, hat sowohl für die sinnesphysiologischen, neurophysiologischen und psychologischen Problemstellungen als auch für die rein klinische Anwendung viele neue Wege eröffnet. Dabei stimmen die Grundprinzipien der Informationsverarbeitung und -leitung bei allen Sinnesmodalitäten überein. Dies haben umfangreiche Untersuchungen an optischen (Ciganek et al., 1958, 1969, 1970; Fichsel, 1969), akustischen (Burian et al., 1970; Keidel, 1971), olfaktorischen (Finkenzeller, 1966; Smith et al., 1971; Herberhold, 1973; Geruli et al., 1975) und somatosensorischen RAP eindrucksvoll zeigen können.

Einschränkend ist aber schon jetzt darauf hinzuweisen, daß der Zusammenhang zwischen Reiz und Wahrnehmung ein vielschichtiges Problem ist, und daß die subjektive Sinneswahrnehmung einen äußerst komplexen psychologischen Vorgang beinhaltet (Bay, 1950).

Es ist daher von der Untersuchung der rein datenverarbeitenden Funktion des ZNS bis hin zur exakten Objektivierung von Sinneswahrnehmungen, wenn dies überhaupt möglich ist, noch ein sehr weiter Weg zurückzulegen.

Beim somatosensorischen System besteht im Gegensatz zu den übrigen Sinnesmodalitäten die Möglichkeit, durch Vergleich zwischen dem Afferenzpotential des von einem gereizten Hautareal ableitenden sensiblen Nerven und dem über der kontralateralen Hemisphäre auftretenden Reizantwortpotential einen Einblick in die Funktionstüchtigkeit des sensiblen Systems zu erhalten. Läsionen des afferenten Systems, die peripher neurogen, spinal oder cerebral lokalisiert sein können, und die in der Mehrzahl mit subjektiven und objektiven Sensibilitätsstörungen einhergehen, führen zum Auftreten pathologischer oder fehlender SRAP. Diese Tatsache gibt die Möglichkeit, die somatosensorischen RAP in Verbindung mit der sensiblen Neurographie als eine klinisch anwendbare Methode zur Überprüfung des afferenten Systems zu verwenden.

Gerade zur Klärung von Sensibilitätsstörungen bzw. klinisch latenten Affektionen im afferenten System ist eine Methode zur Befundergänzung, bzw. zumindest zur Befundobjektivierung in der neurologischen Diagnostik, erwünscht, da hier oft das Untersuchungsergebnis sowohl von der Mitarbeit des Patienten als auch von der Qualität des Untersuchers und seiner Geduld und Exaktheit bei der Erhebung der Befunde bestimmt wird. Entsprechend der Möglichkeit, mit der Elektromyographie Störungen im neuromuskulären System zu differenzieren und ggf. zu lokalisieren, dient die Anwendung der somatosensorischen RAP und der sensiblen Neurographie dazu, eine Störung im sensiblen System zu objektivieren, zu lokalisieren und ggf. auch schon im klinisch latenten Stadium nachzuweisen.

Ziel der vorliegenden Arbeit ist es, an Hand eigener Untersuchungen zunächst die SARP bei Normalpersonen unter Einschluß der sensiblen Neurographie mit ihren Normvarianten und ihrer Variabilität darzustellen und die Grenzen ihrer Anwendung aufzuzeigen. Anschließend wird die klinische Anwendbarkeit und ihre Aussagekraft bei peripher neurogenen, spinalen und cerebralen Erkrankungen untersucht. Dabei wird besonders auf Erkrankungen des Rückenmarks eingegangen, weil es bisher noch keine brauchbaren neurophysiologischen Methoden zu einer exakten Rückenmarksdiagnostik gab, die der Elektroencephalographie bei cerebralen Erkrankungen oder der Neurographie und Elektromyographie bei peripher neurologischen Erkrankungen entsprechen würde. Hier könnte die elektrosensible Untersuchung bei Rückenmarkserkrankungen eine wichtige diagnostische Lücke schließen.

I. Anatomische, neurophysiologische und methodische Grundlagen

1. Anatomie des somatosensorischen Systems

Die spezifische sensible Leitungsbahn stellt die direkte Verbindung zwischen Receptor und corticalem Projektionsfeld dar. Dabei setzen sich die afferenten Leitungsbahnen aus mehreren Neuronen zusammen (Abb. 1).

Für die Aufnahme der verschiedenen sensiblen Reizqualitäten sind jeweils in der Haut und in den subcutanen Strukturen eigens ausgebildete *Receptionsorgane* vorhanden. Histologische und elektronenmikroskopische Untersuchungen lassen vermuten, daß Paccini-Körperchen, Meissner-Körperchen und Merkel-Zellen der Mechanoperception, die Receptoren vom Ruffini- bzw. Golgi-Typ der Tiefensensibilität dienen; Krausesche Endkolben und Ruffinische Nervenendigungen reagieren auf Temperaturreize und schließlich freie Nervenendigungen sowohl auf Temperatur- als auch auf Schmerzreize. Nur letztere lassen gemäß ihrer Bezeichnung keine corpusculären Strukturen erkennen.

Die adäquate Reizung der Receptionsorgane liefert im allgemeinen qualitätsspezifische Empfindungen; bei hoher Reizintensität sprechen die Receptoren auch auf inadäquate Reize an, beispielsweise in unserem Falle auf Rechteckstromreize. Aufgabe der Receptoren ist es, die Energieform, für die sie selbst empfindlich sind, in Erregung umzuwandeln, damit diese Erregung dann als elektrisches Signal an die Neuriten der Spinalganglionzellen weitergeleitet werden kann (Buser, 1975).

Die zu den Receptionsorganen bzw. als freie Nervenendigungen in die Haut und Unterhautstrukturen ziehenden Neuriten kommen aus den *pseudounipolaren Nervenzellen der extradural liegenden Spinalganglien*, und sie bilden in ihrer Gesamtheit den afferenten Teil der peripheren Nerven. Diese Neuriten (Axone) sind in ihrem peripheren Verlauf im Gegensatz zu ihrem Verlauf im Rückenmark nicht nur von einer Markscheide, sondern auch von einer Schwannschen Zellmembran und der Endoneuralscheide umgeben. Die Erregungsleitungsgeschwindigkeit der einzelnen Neuriten steht in Abhängigkeit zu der Dicke der Myelinscheide. Die afferenten Nervenfasern des sensiblen Systems gehören zur Gruppe A, welche einen Faserdurchmesser von $1-15\,\mu$ unter Einschluß der Myelinscheide aufweist (Schade, 1970).

Die zentralwärts gerichteten Neuriten der pseudounipolaren Spinalganglionzellen erfahren im Rückenmark eine Trennung, je nachdem, ob sie der Reflexübertragung oder der Weiterleitung sensibler Empfindungen dienen. Dabei werden die Schmerz, Temperatur und Berührung leitenden Neuriten (protopathische Sensibilität) im Hinterhorn des gleichen oder ein bis zwei Segmente höher liegenden Segmentes auf ein zentrales Neuron synaptisch umgeschaltet. Dessen Neurit zieht in der Commissura anterior zur kontralateralen Rückenmarksseite und verläuft im *Tractus spinothalamicus* zum Thalamus (s. Abb. 2).

4

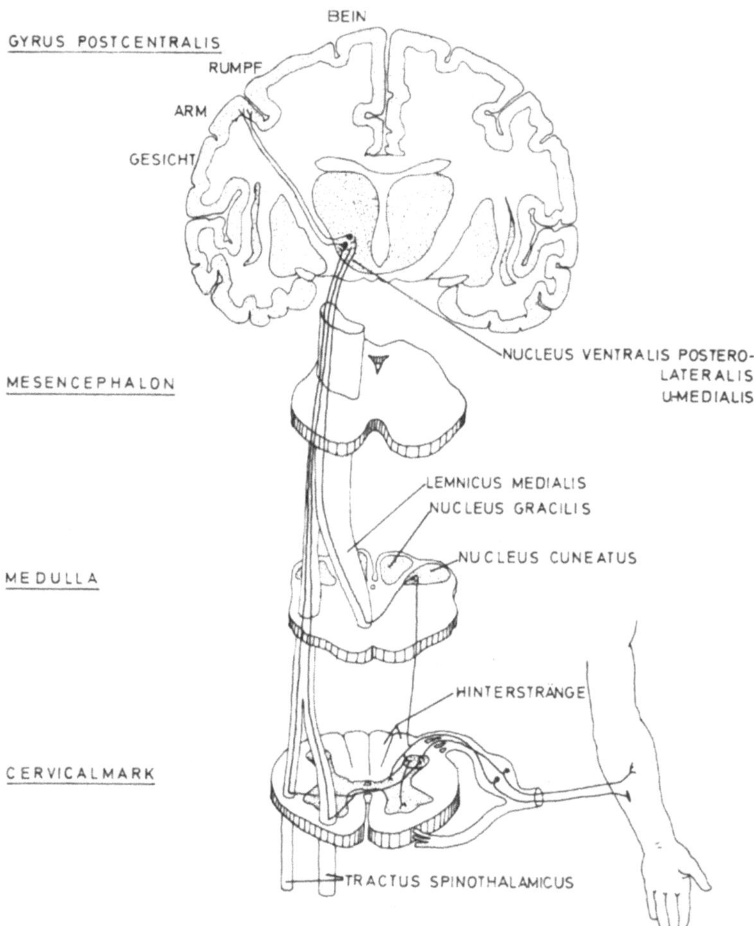

Abb. 1. Der anatomische Verlauf des somatosensorischen Systems von den peripheren Receptionsorganen bis zum corticalen sensiblen Projektionsareal. (Modifiziert nach Netter, 1974)

Fasern der Tiefensensibilität und der Berührungswahrnehmung (epikritische Sensibilität) verlaufen dagegen ohne Umschaltung im Hinterhorn ungekreuzt bis hinauf zum Nucleus gracilis und cuneatus in der Medulla oblongata.

Die Druck- und Berührungsempfindung wird sowohl im Vorderseitenstrang (besonders im Tractus spinothalamicus ventralis) als auch im Hinterstrang zentralwärts geleitet (Hensel, 1966; Rohen, 1971; Broser, 1975). Sie ist damit doppelt abgesichert und bleibt meist erhalten, wenn lediglich der Tractus spinothalamicus unterbrochen ist. Diese Tatsache ist für die Beurteilung der Aussagekraft der evozierten somatosensorischen Potentiale von großer Bedeutung.

Eine somatotopische Anordnung findet sich sowohl in den spinothalamischen Bahnen als auch in den Hintersträngen. Im Tractus spinothalamicus kommen die zuunterst kreuzenden Fasern aus den sacralen Dermatomen am weitesten nach außen zu liegen,

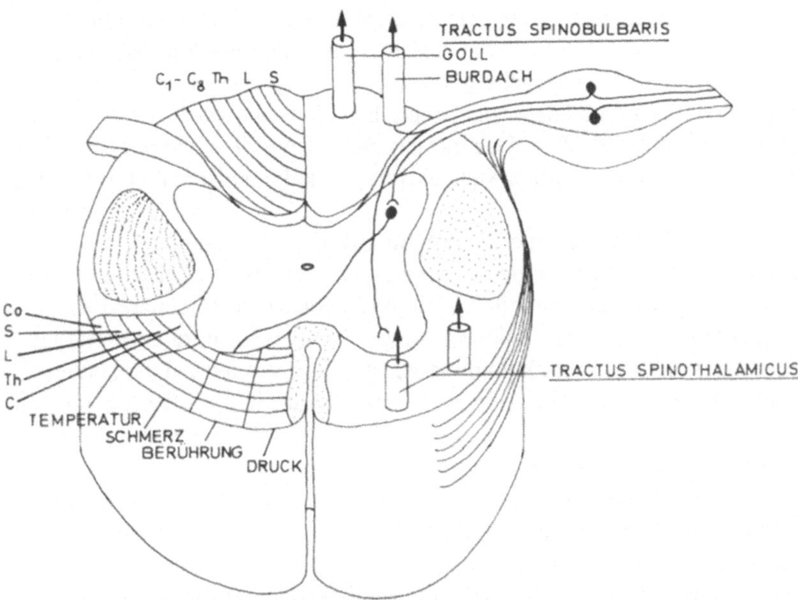

Abb. 2. Anatomischer Rückenmarksquerschnitt mit der somatotopischen Gliederung der sensiblen Bahnen, gemäß dem Gesetz von der Exzentrizität der längsten Bahnen. Darüber hinaus ist der Tractus spinothalamicus in ventrolateraler Folge nach den verschiedenen Empfindungsqualitäten unterteilt (unveröffentlicht)

die kreuzenden Fasern aus den höheren Segmenten legen sich der Reihe nach innen an („Gesetz von der Exzentrizität der längsten Bahnen"). Außer dieser lamellären, zwiebelschalenartigen Gliederung von außen nach innen besteht eine Gliederung in ventrolateraler Folge nach den verschiedenen Empfindungsqualitäten (Druck, Berührung, Schmerz, Temperatur) (Sobotta-Becher, 1962; Rohen, 1971).

Das Hinterstrangsystem ist demgegenüber nicht nach Empfindungsqualitäten, sondern nur somatotopisch geordnet. Die Segmente unterhalb von D 5 werden im medial verlaufenden Gollschen Strang geleitet, die cranialen Segmente oberhalb von D 5 verlaufen im lateralen Burdachschen Strang.

Die ersten zentralen Neurone des Hinterstrangsystems liegen in Höhe der Pyramidenbahnkreuzung im Goll- und Burdachschen Kern (*Nucleus cuneatus und gracilis*). Ihre Zellen senden ihre Neuriten durch den *Lemniscus medialis* nach und nach zur Gegenseite. Dieses Kreuzen ist erst im oberen Pons-Bereich abgeschlossen. Im Medulla-Pons-Abschnitt verlaufen somit spinothalamische Bahnen und Lemniscus medialis weiterhin getrennt, erst im oberen Pons-Bereich löst sich die mediale Schleifenbahn auf, und es kommt zu einer Vermischung aller sensiblen Bahnen.

Die Umschaltstelle aller afferenten sensiblen Impulse auf das zweite zentrale Neuron liegt in den *spezifischen sensiblen Thalamuskernen*; sie werden Nucleus posterolateralis ventralis und lateralis oder (nach Ervin u. Mark, 1964) Nucleus ventralis posterolateralis und posteromedialis (VPL und VPM) genannt. Von hier aus führen die thalamocorticalen Bahnen auf ihrem Weg zum sensiblen Rindenfeld durch den hinteren Schenkel der Capsula interna und projizieren sich nach einer Rotationsbewegung in das Rindengebiet

6

des Gyrus postcentralis und des Lobus paracentralis. Diese sensiblen Rindengebiete werden auch als „*corticales sensibles Hauptfeld*" bezeichnet und dem Lobulus parietalis superior als „sensibles Nebenfeld" gegenübergestellt. Dabei zeigt nur das sensible Hauptfeld ebenso wie die Thalamuskerne eine somatotopische Gliederung nach Art eines auf dem Kopf stehenden Homunculus. Zum Lobulus parietalis superior sollen nur indirekt aus dem sensiblen Hauptfeld und aus dem Nucleus dorsalis thalami afferente Projektionsbahnen ziehen.

Man neigt heute dazu, die sensible Spezifität in die primären Rindenfelder, d.h. in den Gyrus postcentralis und Lobulus parietalis superior, zu verlegen; gesichert ist dies aber noch nicht. Jedoch ist anzunehmen, daß in ein und demselben Rindenareal eine Konvergenz verschiedener sensibler Qualitäten vorliegt. Ob auch der untere Scheitellappen und das Gebiet der vorderen Zentralwindung sensible Funktionen erfüllen, ist unklar; sicher ziehen aber auch afferente Fasern vom Thalamus aus in diese Cortexregionen. Diese anatomische Tatsache wird noch bei den lokalisationsdiagnostischen Aussagemöglichkeiten der SRAP zu berücksichtigen sein (s. Kapitel VI.3).

Am *Akt des Bewußtwerdens* der erzeugten sensiblen Erregungsmuster ist das Gehirn in seiner Gesamtheit beteiligt; für diese Bewußtwerdung bzw. Wahrnehmung ist auch das sensible Haupt- und Nebenfeld nur Durchgangsstation.

Von dieser spezifischen, direkten Leitungsbahn zwischen Receptor und corticalem Projektionsfeld zweigen zahlreiche Kollateralen ab. Die direkten Verbindungen zu den motorischen Vorderhornzellen als erstem sensomotorischen Funktionskreis auf spinaler Ebene sollen hier nicht interessieren. Wichtig ist aber die Tatsache, daß Kollateralen des ersten zentralen Neurons u.a. die Formatio reticularis und den Hypothalamus mit einschließen und diese in Höhe der spezifischen Thalamuskerne wieder in die sensible Bahn einmünden können (Domino et al., 1965). Inwieweit über diese *unspezifischen, sog. extralemniscalen afferenten Bahnen* die Möglichkeit einer reticulären Beeinflussung der corticalen evozierten Potentiale gegeben ist, wird bei der Besprechung der vigilanzabhängigen SRAP-Veränderungen (Kapitel II.2.b) diskutiert.

2. Grundlagen der Erregungsleitung

Die adäquate oder inadäquate Reizung eines Receptororgans verursacht Ionenbewegungen durch die Receptormembran hindurch. Normalerweise besteht zwischen dem Zell-Inneren und der Zell-Außenlösung eine Potentialdifferenz von 60–90 mV (innere negativ gegen außen), genannt das *Ruhe- oder Membranpotential*. Das Membranpotential wird durch eine extracelluläre Na- und Cl-Ionen-Anreicherung und eine Kaliumionenvermehrung im Inneren aufrechterhalten. Die reizstärkeabhängigen Ionenverschiebungen mit einem Einstrom von Na-Ionen und Ausstrom von K-Ionen verursachen Potentialänderungen an der Receptormembran, die *Generatorpotentiale* genannt werden.

Die Generatorpotentiale können ab einer bestimmten Reizstärke (Schwellenstromstärke) eine Schwelle überschreiten, und es kommt dann zur Weiterleitung eines *Aktionspotentials* über das abführende Axon. Beim Auslösen eines Aktionspotentials tritt eine selektive, starke Erhöhung der Na-Permeabilität auf, die mit einem Einstrom von Na-Ionen in das Faserinnere einhergeht und dadurch eine Umkehrung des Membranpotentials auf +20 – +40 mV bewirkt; das Faserinnere wird also positiv gegenüber dem äußeren

Ionenmilieu. Der erhöhte Na-Einstrom findet zur Zeit des Aktionspotentialanstiegs statt; während der absteigenden Phase nimmt die Membrandurchlässigkeit für K-Ionen deutlich zu, und es kommt zu einem Ausstrom von K-Ionen. Schließlich kehrt das Membranpotential wieder zum Ruhewert zurück.

Das Aktionspotential wird mit unverminderter Amplitude nach dem Alles- oder Nichts-Gesetz über die gesamte Faser fortgeleitet. Der zu seiner Auslösung erforderliche Stromfluß wird Schwellenreiz bzw. Schwellenstromstärke genannt. Jede Nervenfaser vermag ein *fortgeleitetes Aktionspotential* in beiden Richtungen, also orthodrom und antidrom, zu leiten. Bei den myelinisierten Nervenfasern treten alle Vorgänge der Erregung und der Leitung nur an den Ranvierschen Schnürringen, entsprechend der Strömchentheorie, auf. Die Erregungsleitung ist dabei saltatorisch, und es treten an den Schnürringen die gleichen Umpolarisierungen auf wie an den marklosen Nervenfasern über der gesamten Membranoberfläche.

Die Schnelligkeit der Impulsfortleitung wird durch die Dicke der als Isolator wirkenden Myelinscheide bestimmt. So ist die *Nervenleitungsgeschwindigkeit (NLG)* einer markhaltigen Faser bis zu 20mal größer als die einer marklosen Faser gleichen Durchmessers. Im Rahmen der klinischen Elektroneurographie werden praktisch nur markhaltige Nervenfasern untersucht (Hopf, 1974).

Mit zunehmender Reizstromstärke wird eine steigende Anzahl von Nervenfasern rekrutiert, bis die Summe der Einzelpotentiale aller Nervenfasern das Gesamtpotential des peripheren Nerven ergibt; dieses Gesamtpotential wird bei supramaximaler Reizstärke erreicht. Das *Nervenaktionspotential (NAP)* erfaßt bei distaler Reizung eines gemischten Nervenstammes und proximaler Nervenstammleitung neben den Neuriten der motorischen Vorderhornzellen die sensiblen Fasern für Berührung und bestimmte Schmerzqualitäten sowie die proprioceptiven Muskelafferenzen von den Golgi-Organen und Muskelspindeln, die zur Gruppe der raschest leitenden Fasern gehören.

Die sensible Impulsfortleitung läuft vom Receptor über die peripheren Nerven, die afferenten Bahnen des Rückenmarks und nach Umschaltung im Thalamuskerngebiet über die thalamo-corticalen Bahnen bis zu dem sensiblen Hauptfeld (Gyrus postcentralis). Die Impulsfrequenz der einzelnen Fasern hängt von der Intensität des externen Reizes auf den Receptor und von bestimmten Receptorcharakteristika (z.B. langsam oder schnell adaptierende Receptoren) ab. Als Endprodukt der sensiblen Informationsverarbeitung kommt es in den sensiblen Rindenfeldern zur *Erregung einer größeren corticalen Zellpopulation.*

Die Reaktionsstärke eines komplexen neuronalen Systems auf einen Extrareiz wird cortical im wesentlichen von der Zahl der aktivierten Einheiten und vom Zeitgang der individuellen Reizantworten bestimmt (Speckmann u. Caspers, 1973). Dabei veranlaßt der Extrareiz eine bestimmte Gruppe corticaler Neurone, ihr Potential simultan in jeweils gleicher Richtung zu ändern, wobei Amplitude und Steilheit der *corticalen Reizantwortpotentiale (RAP)* mit der Zahl der aktivierten Einheiten zunehmen.

3. Methodik

Somatosensorische corticale Reizantwortpotentiale (SRAP) und sensible Nervenaktionspotentiale (NAP) wurden bei Normalpersonen (NP) und Patienten mit peripheren, spinalen und cerebralen Störungen untersucht. Die sensible neurographische Untersu-

8

chungstechnik wurde bereits 1966 von Buchthal und Rosenfalck umfassend dargestellt;
sie soll daher in Teil B nur kurz und zusammenfassend unter dem Gesichtspunkt der
klinischen Anwendung beschrieben werden. Die Reiz- und Ableitetechnik der somatosensorischen RAP wird in Teil A unter Hinweis auf die häufigen Fehlermöglichkeiten
besprochen. Die in Einzeluntersuchungen entwickelte Reiztechnik mit adäquaten Reizen und die Ableitetechnik über der Wirbelsäule nach peripherer Nervenstammreizung
werden gesondert in den Kapiteln II.4.a bzw. V.3.b diskutiert.

A. Somatosensorische corticale Reizantwortpotentiale (SRAP)

Die Versuchspersonen lagen während der elektrischen segmentalen Reizung in einem
ruhigen, gedämpft beleuchteten Raum mit geschlossenen Augen auf einer Liege. Sie
wurden angehalten, während der Untersuchung nicht zu schlafen, sicht nicht zu bewe-
gen, Unter- und Oberkiefer nicht zusammenzubeißen und normal ruhig zu atmen. Normalpersonen und Patienten wurden über den Untersuchungsgang genau aufgeklärt, um
auch dadurch eine möglichst gute Muskelrelaxation zu erlangen. Die Hauttemperatur
wurde nicht besonders reguliert, da der Temperatureinfluß auf die afferenten Bahnen
und damit insbesondere auf die periphere Nervenleitung bei einer Hauttemperatur über
34°C nicht so groß wie auf die motorische Leitung bzw. auf die neuromuskuläre Transmission ist und daher unter Berücksichtigung der großen Normschwankungen vernachlässigt werden darf (Desmedt, 1971).

a) Elektrische Reizung

Die corticalen RAP wurden bei *Normalpersonen* nach unilateraler Reizung von 17 verschiedenen spinalen Hautsegmenten abgeleitet (s. Abb. 3).

Bei *Patienten* richtete sich die *Auswahl der gereizten Segmente* nach dem klinischen
Bild. Bei der Abklärung peripher neurogener Erkrankungen, wie z.B. radiculärer Syndrome, konnte man sich meist auf die Untersuchung der betroffenen Segmente im Seitenvergleich und die Heranziehung der sensiblen Neurographie beschränken. Bestand der
Verdacht einer Rückenmarkserkrankung, z.B. ein Querschnittssyndrom, so wurde in der
Weise vorgegangen, daß die Grenze zwischen geschädigten und gesunden Rückenmarks-
segmenten möglichst genau von beiden Richtungen her eingeengt wurde. Dabei wurde
einerseits die klinisch gefundene Sensibilitätsgrenze berücksichtigt, zum anderen wurde
unmittelbar nach der Reizung jedes Segmentes geprüft, ob das abgeleitete SRAP Zeichen
einer afferenten Störung erkennen ließ. Zur cerebralen Lokalisationsdiagnostik, wie z.B.
bei symptomatischen Epilepsien, reichte in der Regel die beidseitige Reizung von C 8
und L 5 aus; nur in Ausnahmefällen erfolgte auch eine Unterkieferreizung im Trigemi-
nusinnervationsgebiet.

Zur Reizung dienten *zwei runde AgCl-Oberflächenelektroden* mit einem Durchmesser
von 11 mm, die an konstanten Stellen innerhalb der spinalen Segmente auf der gereinig-
ten Haut mit Elektrolytpaste zur Reduktion des Übergangswiderstandes fixiert wurden.
Der Abstand zwischen den beiden Elektroden betrug etwa 5 cm, die genaue Lokalisation
innerhalb der gewählten Segmente ist der Abb. 3a zu entnehmen. Die Polung war so gewählt, daß sich der negative Pol an der proximalen bzw. rückenmarksnahen Elektrode

befand. Die Wahl der Reizorte erfolgte auch unter dem Gesichtspunkt, daß sich keine größeren Nervenstämme in der Nähe der Elektroden befanden; es konnte somit von der Voraussetzung ausgegangen werden, daß durch die elektrische Reizung hauptsächlich Haut- und Unterhautreceptoren bzw. feinere Hautnervengeflechte erregt wurden. Damit erschien es gewährleistet, daß der Ort der Reizung auf die spinalen sensiblen Segmente beschränkt blieb. Diese Annahme ist allerdings nur mit der Einschränkung erlaubt, daß anatomisch schon eine deutliche Variabilität der Segmente von Person zu Person vorliegt und sich die Segmente selbst noch in der Hautversorgung dachziegelförmig überlappen (Mumenthaler u. Schliack, 1965).

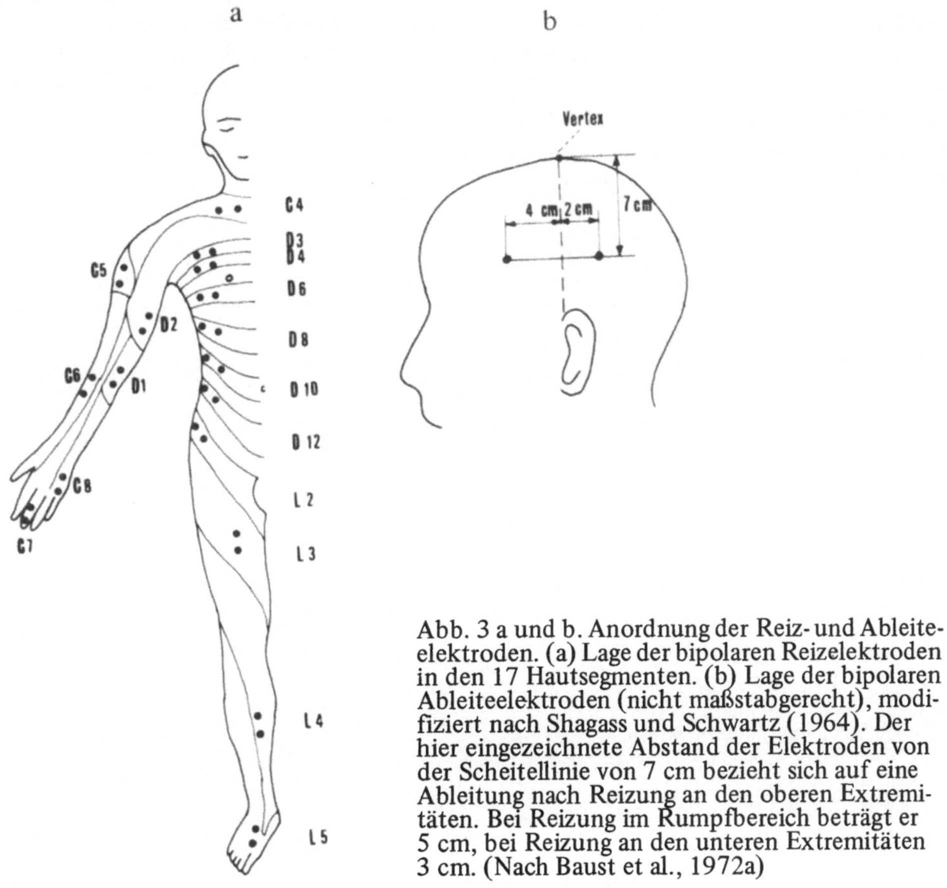

Abb. 3 a und b. Anordnung der Reiz- und Ableiteelektroden. (a) Lage der bipolaren Reizelektroden in den 17 Hautsegmenten. (b) Lage der bipolaren Ableiteelektroden (nicht maßstabgerecht), modifiziert nach Shagass und Schwartz (1964). Der hier eingezeichnete Abstand der Elektroden von der Scheitellinie von 7 cm bezieht sich auf eine Ableitung nach Reizung an den oberen Extremitäten. Bei Reizung im Rumpfbereich beträgt er 5 cm, bei Reizung an den unteren Extremitäten 3 cm. (Nach Baust et al., 1972a)

Zur *Erzeugung der Reize* wurde ein Rechteckgenerator verwendet. Die Reizfrequenz betrug in der Regel 1,5 Hertz, allerdings deuten erste Ergebnisse mit einer 2,5 Hertz-Reizung darauf hin, daß die Latenzen der Spitzen innerhalb der ersten 150 msec nach dem Reiz ebenso wie die Amplituden keine signifikante Änderung erfahren. Bestätigt sich diese Tatsache in einer größeren Untersuchungsreihe, so würde dies eine deutliche Verkürzung der Untersuchungsdauer ermöglichen. Das Stimulationskabel kam zur Ver-

10

minderung des Reizeinbruches aus einer optisch angekoppelten Isolationseinheit. Die
Dauer des einzelnen Rechteckimpulses betrug 0,2 msec. Eine längere Reizdauer wurde
nicht angewandt, um den Reizeinbruch klein zu halten, und um nicht als corticale Antwort nach der „Ein-Antwort" auch eine „Aus-Antwort" auszulösen (Keidel, 1971).
Dieser „on- und off-Effekt" kommt bei hinreichend kurzen Reizen durch Überlappung
der beiden Anteile nicht zum Tragen.

Als Schwellenintensität wurde diejenige Reizintensität definiert, die gerade eine subjektive Empfindung auslöst. Die Durchführung der Untersuchung erfolgte mit zweifacher
Schwellenintensität, die in der Regel bei 80—100 Volt liegt. Hierbei empfanden Gesunde
ein kräftiges Klopfen. Es kam weder zu Schmerzempfindungen noch zu sichtbaren Muskelkontraktionen. Diese hohe, kurze Reizintensität war notwendig, um einen großen
synchronisierten Stromfluß im Bereich der gereizten Receptoren bzw. afferenten Axonen zu erzeugen. Die *supramaximale Reizung* war aber auch deshalb immer einzuhalten,
weil bei niedriger, nur gering überschwelliger Reizstärke zunächst nur die langsamer leitenden Fasern gereizt werden und folglich entsprechend langsamere Leitungsgeschwindigkeiten bzw. größere RAP-Latenzen bestimmt würden, als tatsächlich vorliegen (Buchthal u. Rosenfalck, 1966) (s. Abb. 4).

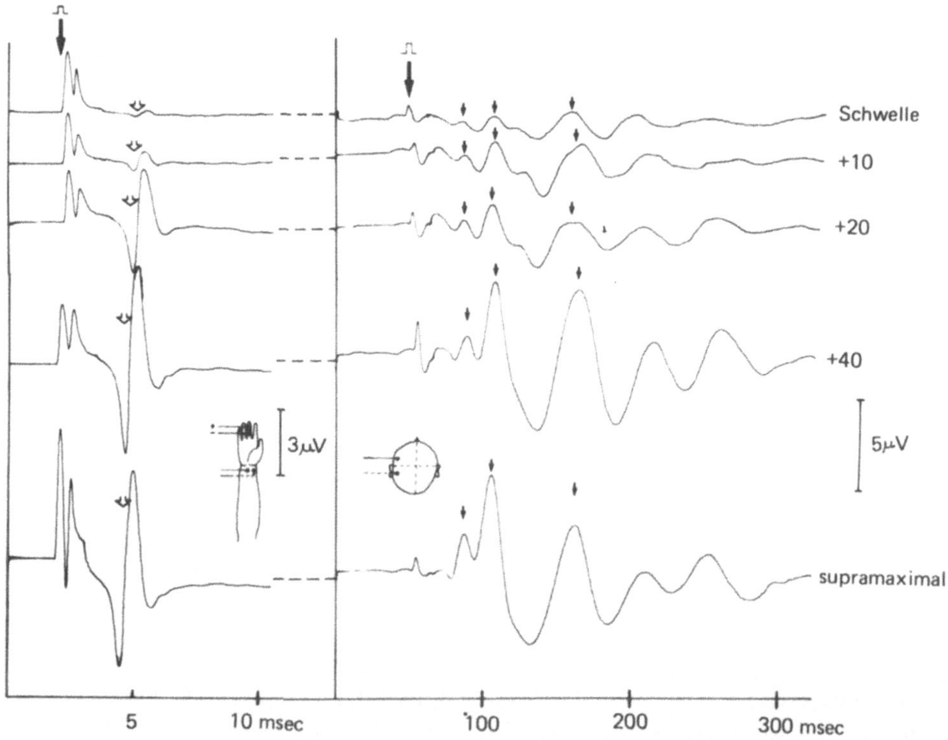

Abb. 4. Das sensible Nervenaktionspotential (NAP) des N. medianus am Handgelenk
und das kontralaterale somatosensorische Reizantwortpotential (SRAP), in Abhängigkeit
von der Reizintensität nach Mittelfingerreizung. Beachte die anfänglich besonders ausgeprägte Amplitudenzunahme und Latenzverkürzung für das sensible NAP und Minimum I
des SRAP

Die Wahl der Reizintensität bereitete bei Patienten dann Schwierigkeiten, wenn wegen einer Sensibilitätsstörung die Empfindungsschwelle gegenüber den bei Normalpersonen ermittelten Werten erhöht war. In der Regel wurde aber auch dann supramaximal, d.h. mit doppelter subjektiver Schwellenstromstärke, gereizt. Die Reizintensität wurde nur dann nicht weiter erhöht, wenn es zu motorischen Kontraktionen oder Schmerzempfindungen kam. Bei Reizung anaesthetischer Bezirke organischer Genese, bei der die supramaximale Reizung keine subjektive Empfindung auslöste, konnte meist auf die Untersuchung des betroffenen Segmentes verzichtet werden, da dabei ein verwertbares RAP nicht abzuleiten war (Giblin, 1964; Baust et al., 1972).

b) Ableitung corticaler RAP

Bei somatosensorischer Reizung liegen die optimalen Ableiteorte der SRAP kürzester Latenz über der entsprechenden kontralateralen Postzentralregion (Dawson, 1947; Debecker u. Desmedt, 1964). Shagass und Schwartz (1965) haben ein einfaches Verfahren zur *Elektrodenanordnung* angegeben, welches die somatotopische Gliederung des Gyrus postcentralis ausreichend berücksichtigt und das auch in den vorliegenden Untersuchungen verwendet wurde (s. Abb. 3b). Als Orientierungshilfe dient eine gedachte Linie vom Vertex zum äußeren Gehörgang. Von den zwei Elektroden zur bipolaren Ableitung liegt die eine 2 cm hinter, die zweite 4 cm vor dieser Linie. Der Abstand zwischen Scheitellinie und dem Elektrodenpaar beträgt 3 cm bei Reizung an der unteren Extremität, 5 cm bei Reizung im Rumpfbereich und 7 cm bei Reizung an den oberen Extremitäten. Wählt man als Vergleich das internationale „ten-Twenty-System", so liegen die Ableitepunkte für die obere Extremität bei F 3—C 3, bzw. F 4—C 4.

Nach Goff et al. (1962) und Giblin (1964) liegt die hintere Ableiteelektrode über der Postzentralregion und ist gegenüber der vorderen Referenzelektrode als differente Elektrode anzusehen. Geht man nun von der Konvention in der Elektrophysiologie aus, daß ein negatives Signal am sogenannten aktiven (differenten) Anschluß einen Kurvenausschlag nach oben verursacht (Schade, 1973; Cooper et al., 1974), so bedeutet dies im vorliegenden Falle, daß eine Negativität unter der hinteren Ableiteelektrode bei Schaltung gegen ein Ohr als indifferenter Elektrode einem Ausschlag nach oben entspricht.

Die wechselnden *Polaritätsangaben* in der Literatur entstehen dadurch, daß nicht gegen einen indifferenten Ableiteort, sondern bipolar gegen eine frontal, nasal oder — wie in unserem Falle — präzentral liegende Elektrode abgeleitet wird. Bei präzentraler bipolarer Ableitetechnik kann aber der vordere Ableitepunkt nicht als indifferent angesehen werden, da sensible Bahnen auch zum Gyrus praecentralis ziehen. Verwendet man daher bei der SRAP-Ableitung die hier beschriebene Elektrodenanordnung, so wird die Verschaltung der Verstärkereingänge mehr oder weniger willkürlich gewählt und bedingt die unterschiedlichen Polaritätsangaben in der Literatur. In der vorliegenden Ableitetechnik sind die beiden symmetrischen Verstärkereingänge so geschaltet, daß der Schreibhebel nach oben ausschlägt, sobald der Eingang A (präzentraler bzw. vorderer Ableitepunkt) relativ zum Eingang B (parietaler bzw. hinterer Ableitepunkt) negativ wird.

Bipolare Ableitungen haben im Vergleich zu unipolaren Ableitepunkten gegen das Ohr den Vorzug, daß sie unerwünschte Einstreuungen (z.B. Muskelpotentiale) reduzieren. Dies erweitert die Anwendbarkeit der Untersuchung auch auf unruhige und schlecht entspannte Patienten. Schwartz und Shagass (1964) stellten darüber hinaus fest, daß bei

12

der bipolaren Ableitechnik die von Bickford beschriebene myogene Antwort nach Ulnarisreizung in der kontralateralen Ableitung nicht enthalten ist. Dieses somato-motorische Reizantwortpotential überlappt in Latenz und Konfiguration besonders bei Anspannung der Kau-, Gesichts- und Nackenmuskulatur das eigentliche corticale RAP und ist für wechselnde Untersuchungsergebnisse einzelner Autoren verantwortlich (Bickford, 1968). Darauf soll im Kapitel II im einzelnen eingegangen werden.

Zur Ableitung wurden in Anlehnung an Desmedt (1971) *Nadelelektroden* verwendet; die Erdung erfolgte mit einer auf der Stirn angebrachten Plattenelektrode aus Silber. Auf die Anwendung von Silberschalenelektroden (Giblin, 1964) konnte wegen gleichwertiger RAP-Ergebnisse verzichtet werden.

Zur *Verstärkung* diente ein üblicher EEG-Differentialverstärker, seltener auch ein EMG-Verstärker der Firma Disa. Die Zeitkonstante betrug 0,03 sec, entsprechend einer unteren Grenzfrequenz von 5,3 Hertz, Die obere Grenzfrequenz lag gemäß den 70,7% Empfindlichkeitswerten (− 3 db) bei 30 Hertz. Höhere, oben beschnittene *Bandbreiten* wurden nicht verwendet, weil mit Rücksicht auf die klinische Anwendbarkeit nicht Nervenstammreizung, sondern Hautreizung notwendig war und demzufolge die Untersuchung einen sehr viel größeren Zeitraum in Anspruch nahm. Aufgrund der langen Untersuchungszeit waren aber trotz bipolarer Ableitung Muskelpotentialeinstreuungen, Wechselstrom und Bewegungsartefakte oft nicht zu vermeiden. Darüber hinaus zeigten Kontrolluntersuchungen mit verschiedenen oberen Bandbreiten und gleichbleibender Reiz- und Ableitetechnik, daß auch eine obere Grenzfrequenz von 30 Hertz keine der spezifischen SRAP-Komponenten zum Verschwinden bringt (Abb. 5). Insbesondere konnte auch nach Benutzung eines 2000 und 10000 Hz-Filters in Übereinstimmung mit Bergamini et al. (1965) keine zusätzliche noch frühere Spitze gefunden werden, wie es Kühn et al. (1973) bei 70% der Normalpersonen nach Medianusreizung mit einer Latenz von 15,7 msec beschrieben haben. Ob hier wegen der außergewöhnlich kurzen Latenz ein somato-motorisches Potential vorliegt, soll in Kapitel II diskutiert werden.

Zu beachten ist aber die Tatsache, daß eine starke Beschneidung der *oberen Grenzfrequenz* zu einer Kurvenglättung und einer geringen Verzögerung der Spitzen-Latenzen führt, was unterschiedliche Latenzangaben der einzelnen Autoren erklärt. Desmedt et al. (1974) fanden für die frühen SRAP-Komponenten Latenzverzögerungen von 1−2 msec (s. dazu Abb. 5). Die Kurvenglättung erleichtert die Beurteilung der einzelnen SRAP-Komponenten, und sie macht eine exakte manuelle und elektronische Bestimmung der Spitzenlatenzen möglich. Die Aussagekraft der Reizantwortpotentiale wird somit bei der Fragestellung, ob eine Störung im Bereich der sensiblen Bahnen vorliegt, durch die Anwendung eines niedrigeren Frequenzfilters nicht eingeschränkt.

Die kontinuierliche Registrierung des von den Elektroden aufgegriffenen EEG-Abschnittes, des Reizes und eines dem Reiz um 50 msec vorausgehenden Triggerimpulses erfolgte auf einem siebenspurigen *Ampex-FM-Analogbandgerät*. Entsprechend der Bandgeschwindigkeit von 3 3/4 bzw. 7 1/2 Zoll/sec betrug die Bandbreite 0−1250 bzw. 2500 Hz. Zur Verdeutlichung der genauen Reiz- und Ableitetechnik sei auf das Diagramm der Abb. 6 verwiesen.

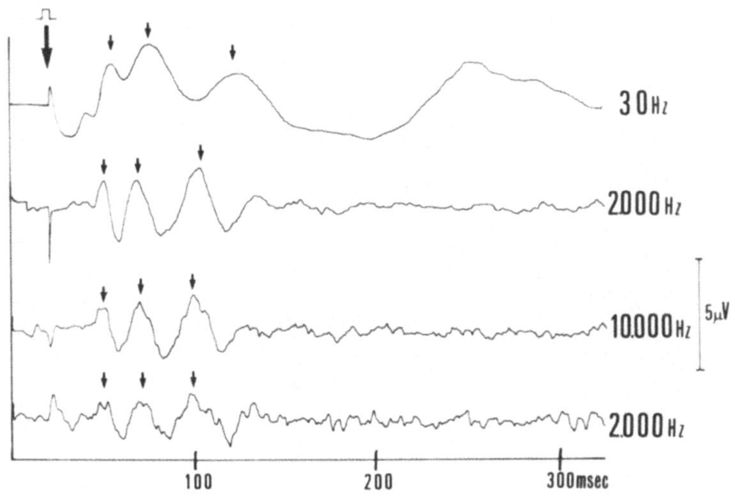

Abb. 5. SRAP nach C 8-Reizung bei der gleichen Versuchsperson mit drei verschiedenen, oben beschnittenen Bandbreiten. In den drei oberen Kurven mit Bandbreiten von 30, 2000 und 10000 Hz fällt die Latenzverkürzung der frühen Potentialspitzen bei der Ableitung mit den größeren Bandbreiten auf. Die Latenzschwankung des dritten Maximums ist wegen der großen intraindividuellen Variabilität nicht zu verwerten. Die Versuchsperson verursachte bei der Ableitung mit 2000 Hz (zweiter Kurvenabschnitt) zunächst keinerlei Muskelartefakte; die unter methodisch gleichen Bedingungen erhaltene Ableitung, aber unter Zusatz von Schlucken, Augenbewegungen etc., zeigt der unterste Kurvenverlauf. Es erweist sich, daß höhere obere Bandbreiten nur bei sehr kooperativen Versuchspersonen bessere SRAP mit Latenzverkürzung der frühen Komponenten liefern, die klinische Routinediagnostik aber nur niedrige obere Frequenzfilter erlaubt

c) Mittelung der Antwortpotentiale

Der elektronische Mittelwertbildner wird von dem auf dem Bandgerät gespeicherten Triggersignal ausgelöst; er speichert und addiert die dem Zeitpunkt des Reizsignals folgenden EEG-Schwankungen entsprechend der einstellbaren Analysezeit. Ist in den Zufallsschwankungen des EEG eine nicht zufällige, sondern durch den Reiz ausgelöste und zum Reiz synchrone Potentialschwankung immer in der gleichen Richtung von der Äquipotentiallinie mitenthalten, dann muß sich diese evozierte Potentialschwankung wegen ihrer gleichbleibenden Polarität additiv verhalten. Die EEG-Spontanaktivität und eventuell auftretende asynchrone Muskelpotentiale nivellieren sich demgegenüber mit zunehmender Aufsummierungszahl gegen Null.

Es wurden in der Regel für jedes gereizte Hautsegment 1024 Einzelpotentiale mit einem Mittelwertrechner (Biomac 1000) aufsummiert, da bei Normalpersonen die EEG-Spontanaktivität immer größer als das reizsynchrone Antwortpotential ist. Die insgesamt 1000 Speicherplätze des Rechners wurden auf zwei Kanäle mit jeweils 500 Adressen aufgeteilt; der erste Kanal registrierte das SRAP, der zweite den Reiz. Die 500 Adressen entsprachen einer Zeit von 320 msec. Der Rechner zerlegt diese Analysezeit in beiden Kanälen in untereinander gleich große Zeitabschnitte und bildet für jede einzelne dieser Registriereinheiten ein Digitalkorrelat der für diesen kleinen Zeitraum integrierten

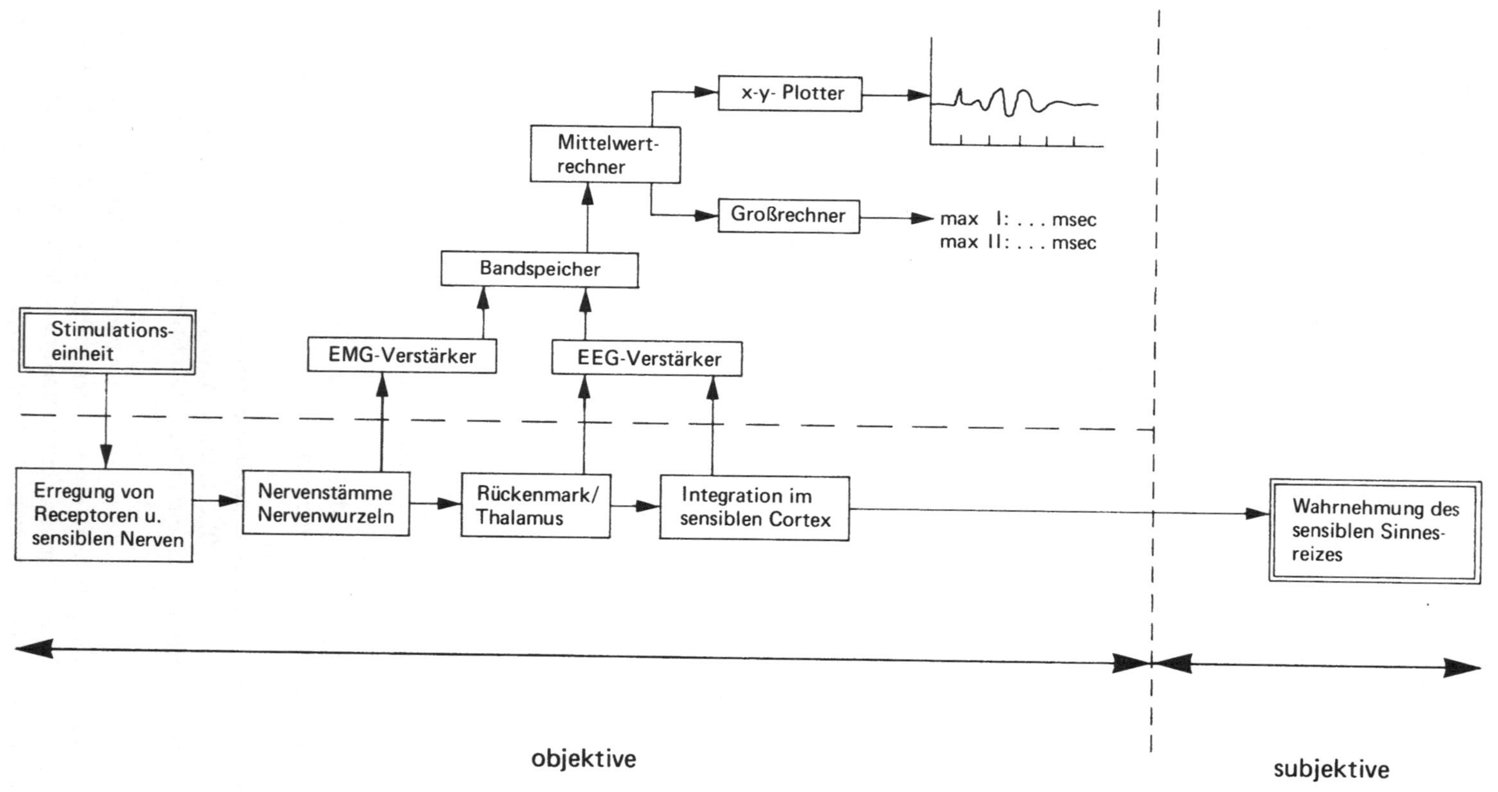

Abb. 6. Blockschema des Untersuchungsganges zur Erhaltung eines SRAP (Reizung, Registrierung und Auswertung). (Unveröffentlicht)

Potentialwerte. Diese Potentialwerte werden zu den nächstfolgenden hinzuaddiert, bis insgesamt 1024 EEG-Abschnitte aufsummiert sind. Da diese Aufaddition ohne anschließende Division erfolgt, wäre korrekterweise nicht von einer Mittelwertbildung zu sprechen; doch dieser Unterschied ist irrelevant, da ja nur die relativen Potentialschwankungen zu beurteilen sind.

Zwei Gründe machten eine *Aufsummierung von 1024 Einzelpotentialen* erforderlich: Einmal liefert die Reizung spinaler sensibler Hautsegmente im Gegensatz zur Nervenstammreizung wesentlich kleinere RAP, so daß eine Aufsummierung von 128 oder 256 Einzelpotentialen, wie es bei Nervenreizung üblich ist (Shagass et al., 1966; Desmedt u. Noel, 1973b), völlig unzureichend wäre. Zum zweiten sind pathologisch veränderte Potentiale oft nur dann noch eindeutig als solche auszumachen, wenn durch eine hohe Zahl von Summationen der Signal-Rausch-Abstand genügend groß ist (Desmedt et al., 1966a).

d) Auswertung der SRAP

Die Ausgabe des Biomac-Speicherinhaltes geschah auf zwei Wegen: einmal analog auf einen x-y-Schreiber, zum anderen digital auf Lochstreifen.

Die *manuelle Auswertung* der analog ausgegebenen SRAP erlaubte hinsichtlich ihrer Größe und Latenz bereits eine ausreichende Beurteilung. Die Auswertung erfolgte bei Patienten bereits während der Untersuchungsperiode, indem die Latenzen und Amplituden des erhaltenen Potentials mit den für das entsprechende Segment gefundenen Normalwerten verglichen wurden. In Abhängigkeit von dem erhobenen SRAP-Befund wurde dann die Auswahl der weiter zu untersuchenden Segmente vorgenommen.

Besonders bei Patienten mit peripheren oder cerebralen Erkrankungen, höherem Lebensalter oder Stoffwechselleiden erfolgte zusätzlich auch eine *Segmentbeurteilung im Seitenvergleich*, da z.B. eine isolierte Latenzverzögerung im höheren Lebensalter durch eine verzögerte Leitungsgeschwindigkeit bedingt sein kann und ihr somit für sich allein kein pathologischer Wert zukommt.

Neben der manuellen Beurteilung diente die *Auswertung mittels Digitalrechner* der Verbesserung der Auswertegenauigkeit (Baust, 1973). Nur so war es möglich, die Null-Linie durch Mittelung der 500 Adresseninhalte zu bestimmen und die Größe der Potentialkomponenten von der Null-Linie bis zu den Kurvenwendepunkten genau zu erfassen. Die von Herberhold (1973) durch Aufsummierung eines Reizantwort-freien EEG-Abschnittes manuell bestimmte Grundlinie erscheint uns zu ungenau. Ebenso dürfte sich die von Keidel, Plattig und Deeke benutzte „Theoretische Grundlinienbestimmung" durch willkürlich gewählte Meßpunkte aus der RAP-freien EEG-Strecke aufgrund der hier angewandten digitalen Null-Linienbestimmung erübrigen.

Die digitale Null-Linienbestimmung erlaubte es, für jedes einzelne Segment sechs Kurvenwendepunkte (je drei Minima und Maxima), die Potentialgrößen von Null-Linie zu Spitze und von Spitze zu Spitze, die Anstiegsteilheit der Kurven und die Latenzen der Maxima, Minima und der Null-Durchgänge getrennt zu bestimmen. Dabei waren die Meßbereiche, in denen bei Normalpersonen die Spitzenlatenzen zu suchen waren, durch Programm vorgegeben. Die von jedem SRAP errechneten 18 Merkmale wurden bei Normalpersonen und Patienten bestimmt und ihre jeweilige Streuung in das Programm zur Rückenmarksdiagnostik eingegeben (Baust, 1973).

16

Zur Rückenmarksquerschnittsdiagnostik wurde mit Hilfe des Rechners für jeden einzelnen Meßwert der 18 SRAP-Parameter unter Annahme einer Normalverteilung errechnet, auf welcher Percentile er innerhalb der Normalverteilung liegt, d.h. wie stark er aus dem Bereich der Normalpopulation herausfällt. Die Stärke der Abweichungen wurde entsprechend der klinischen Beobachtung für jeden Parameter mit einer Wertigkeitsziffer gewichtet.

So kam z.B. die größte pathologische Wertigkeit einer Latenzverschiebung des ersten Maximums zu, wenn alle drei Maxima nachweisbar waren.

Wurde bei einem Patienten mit einer spinalen Erkrankung ein SRAP als pathologisch klassifiziert und waren caudal von diesem pathologischen Potential weitere Segmente nicht normal, so wurde per Programm die Querschnittshöhe als diejenige Stelle ermittelt, bei der das erste pathologische SRAP zu finden war.

B. Sensible Neurographie (sensible NLG)

Die sensible Neurographie hat sich im Gegensatz zur Bestimmung der motorischen Nervenleitgeschwindigkeit (NLG) trotz klinisch gleichwertiger Aussagemöglichkeiten im elektrodiagnostischen Labor der neurologischen Klinik noch keinen festen Platz erobert. Dies mag erstaunen, wenn man bedenkt, daß Dawson bereits 1956 als erster Untersucher über reine sensible Nervenaktionspotentiale (NAP) berichtet hatte. Eine Erklärungsmöglichkeit mag darin gesehen werden, daß bei der sensiblen Neurographie im Gegensatz zur motorischen Leitungsuntersuchung als Indikator kein Muskelsummenpotential zur Verfügung steht, sondern das Aktionspotential vom Nervenstamm abgeleitet werden muß; zum andern behindert aber auch die relativ komplizierte Ableite- und Auswerte-Technik eine routinemäßige Anwendung. Da die sensible Neurographie einen wesentlichen anatomischen Abschnitt der afferenten Bahnen erfaßt und ihre Bestimmung zur exakten Bewertung der SRAP notwendig ist, werden im folgenden zsuammenfassend Reiz-, Ableite- und Auswerte-Technik beschrieben. Die Beschränkung auf die Ableitung am N. medianus und N. tibialis ist einmal darin begründet, daß die Hautsegmente C 7 und L 5 die Hautareale dieser Nerven teilweise miterfassen und somit bei deren NLG-Bestimmung Rückschlüsse auf die Leitung der afferenten Bahnen im Bereich von Rückenmark und Cerebrum möglich sind. Zum zweiten entsprechen sich die sensiblen NLG-Werte von N. medianus und N. ulnaris bzw. N. tibialis und N. fibularis, und es lassen sich daher die gefundenen Werte des einen Nerven auch auf den zweiten Nerv der entsprechenden Extremität übertragen.

a) Reiztechnik

Bei der Bestimmung der sensiblen NLG an über 30 Normalpersonen verschiedener Altersgruppen wurden ebenso wie bei der Reizung der spinalen Hautsegmente Rechteckimpulse von 0,2 msec Dauer und supramaximaler Stromstärke verwendet. Die Rechteckreize lieferte ein Disa-Elektromyograph (Typ 14A30) über eine induktiv angekoppelte Isolationseinheit. Die Reizung der Mittelfinger- und Großzehenhautpartie erfolgte zur Aktivierung der cutanen Afferenzen über Ringelektroden, die mit Stoff überzogen und mit Kochsalzlösung getränkt waren. Die Kathode lag proximal der 2–3 cm entfernten, um das Phalanxendglied gewickelten Anode.

Zur Reizung des gemischten peripheren Nervenstammes wurden isolierte Nadelelektroden benutzt; nur bei der lumbalen Ableitetechnik wurde der N. tibialis im Bereich der Kniekehle und der N. fibularis am Fibulakopf auch mit Oberflächenelektroden gereizt.

b) Ableitetechnik

Als Ableiteelektroden wurden bis zur Spitze mit *Teflon isolierte Nadelelektroden* benutzt. Die differente Elektrode wurde jeweils unter Kontrolle der motorischen Reizschwelle bis unmittelbar an den Nervenstamm herangebracht; die indifferente Elektrode kam ca. 2–3 cm davon entfernt in gleicher Höhe zum Nervenstamm zu liegen.

Zur Ableitung von der Cauda spinalis wurde wie bei einer üblichen Lumbalpunktion verfahren, nur mit der Ausnahme, daß eine *teflon-isolierte Lumbalpunktionskanüle* verwendet wurde (Sonderanfertigung der Firma Disa). Diese LP–Nadel war mit einer etwa 3 cm parallel subcutan liegenden EEG-Stahlelektrode als indifferenter Elektrode verschaltet. Da die lumbale Ableitung nur zeitlich begrenzt möglich war, erfolgte keine Reizung mit Ringelektroden, sondern reine Nervenstammreizung (N. tibialis und N. fibularis). Die von Noel (1975) geäußerte Auffassung, daß es zumindest bei Erwachsenen mit dem heutigen Stand der Technik schwierig sei, ohne chirurgische Manöver elektrische Aktivität von einer Wurzel abzuleiten, kann aufgrund der vorliegenden Untersuchungsergebnisse an der Cauda spinalis nicht mehr aufrechterhalten werden.

Die Nadelelektroden wurden unmittelbar vor ihrer Benutzung zur Herabsetzung der Impedanz mit einem Stromgenerator (Disa Typ 14B48) elektrolytisch behandelt.

Da auch ohne Temperaturkorrektur der Haut übereinstimmende Normwerte aufgestellt werden konnten, und eine Abgrenzung gegenüber pathologischen Verlangsamungen immer möglich war (Hopf, 1974), wurde nur auf Beibehaltung konstanter Ableitebedingungen (gleichbleibende Raumtemperatur, keine auffällig kühlen Extremitäten) geachtet.

Die Ableitepositionen befanden sich für den N. medianus am Handgelenk unter der Sehne des M. flexor carpi radialis in etwa 5 mm Tiefe und im Ellenbogenbereich in ca. 1 cm Tiefe medial der A. brachialis. Das Nervenaktionspotential des N. tibialis konnte distal in der Mitte zwischen Achillessehne und Innenknöchel in ca. 1 cm Tiefe und proximal in der Kniekehle zwischen M. semimembranosus- und M. biceps femoris-Ansatz in etwa 2 cm Tiefe abgeleitet werden.

Zur Verstärkung der sensiblen Nervenaktionspotentiale diente ein Disa-3-Kanal-Elektromyograph (Typ 14C10) mit einem Frequenzbereich von 2–2000 Hz. Zusätzlich wurde ein Eingangstransformator (Typ 14B15) verwendet, der das Signal-Rausch-Verhältnis um das Fünffache verbesserte.

c) Auswertung der sensiblen NAP

Das sensible NAP konnte bei Normalpersonen nach Mittelfingerreizung und Ableitung am Handgelenk immer ohne Aufsummierung auf dem Kathodenstrahloscillographenschirm beurteilt werden. Dies war bei Ableitung am Ellenbogen auch bei Gesunden nicht immer der Fall. An den unteren Extremitäten waren NAP nach einem Einzelreiz in Höhe des Malleolus medialis nur in 10–20% der Normalpersonen erkennbar, wenn ein geringer Abstand zwischen Elektrodenspitze und Nervenstamm vorlag.

Es wurde daher zur Gewährleistung gleicher Kriterien bei der Ableitung an den fünf Ableitepunkten die oben beschriebene Mittelungstechnik mit dem Biomac 1000 benutzt. In allen Fällen wurden 512 Reizantworten aufsummiert, ganz unabhängig davon, ob das einzelne NAP auf dem Bildschirm bereits als Einzelpotential sichtbar war oder nicht.

Die weitere Auswertung erfolgte durch Bestimmung der Latenzzeit am Bildschirm, durch Ausgabe auf einen x-y-Schreiber, sowie in der Mehrzahl der Fälle auch durch Einzelberechnungen mit Hilfe eines Großrechners nach digitaler Ausgabe auf Lochstreifen. Zur alleinigen Bestimmung der sensiblen NLG für klinische Fragestellungen reicht die manuelle Auswertung aus.

Da die Amplitude des NAP, gemessen von der Spitze der negativen bis zur Spitze der positiven Auslenkung, deutlich von der Nadellage abhängig ist, und die Variation bei Gesunden um 30–50% der Amplitudenhöhe schwankt (Buchthal u. Rosenfalck, 1966), wurde ihrer Größe kein besonderer Wert beigemessen. Allein der Nachweis unter den genannten Bedingungen war als normal anzusehen. Auch Anstiegszeit und NAP-Dauer wurden hier nicht ermittelt, wenngleich ihre Wertigkeit unbestritten ist. Die Erfahrung hat aber gezeigt, daß sich jede afferente periphere Störung in der Regel auch durch eine NLG-Verlangsamung der schnellst leitenden Fasern zu erkennen gibt.

Der im Rahmen dieser Arbeit ausgewertete neurographische Befund entsprach der Laufzeit von Reizbeginn bis zum Beginn der negativen Auslenkung (d.h. bis zur ersten positiven Spitze), da dieser Wert in msec in Verbindung mit der ausgemessenen Laufstrecke zur Bestimmung der sensiblen NLG der schnellstleitenden Fasern diente.

Die sensible NLG war bei Normalpersonen für alle Bereiche leicht bestimmbar (s. Kapitel II.3.a). Bei peripher neurogenen Erkrankungen, wie z.B. schweren Polyneuropathien, war dies dagegen durch die ansteigende Desynchronisierung der Nervenfasern entlang des Nervenstammes und durch die progressive Axondestruktion nicht immer möglich.

Auf weitere methodische Einzelheiten zur sensiblen Neurographie soll nicht eingegangen werden, da dies die schwerpunktmäßige Berücksichtigung der somatosensorischen RAP beeinträchtigen würde. Detaillierte Angaben sind besonders den Arbeiten von Buchthal und Rosenfalck (1966), Behse und Buchthal (1971), Tackmann et al. (1974a) und Hopf (1974) zu entnehmen.

II. Das somatosensorische Reizantwortpotential und die Leitgeschwindigkeit im sensiblen System bei Normalpersonen

1. Das normale somatosensorische Reizantwortpotential (SRAP)

Die SRAP der sensiblen Hirnregion kann man als summierte Potentiale der aktivierten corticalen Neurone auffassen, die im EEG dadurch als Potentialschwankung sichtbar werden, daß die Neurone ihr Membranpotential auf einen Extrareiz hin in jeweils gleicher Richtung ändern (Speckmann u. Caspers, 1973). Bei Normalpersonen finden sich nach sensibler Reizung, sei es nun direkte Nervenstimulation oder auch elektrische Hautreizung, über dem kontralateralen Gyrus postcentralis mindestens drei positive und negative Auslenkungen in den ersten 120 msec; die Potentialspitzen werden nach der von uns bevorzugten Nomenklatur Minima und Maxima genannt.

a) Normalwerte der SRAP-Latenzen und -Amplituden

Abb. 7 zeigt ein typisches SRAP mit drei nach oben gerichteten Maxima, denen drei nach unten gerichtete Auslenkungen (Minimum I–III) vorausgehen. Diese drei aufeinander folgenden biphasischen Potentialschwankungen haben sich bei zahlreichen Normalpersonen sowohl intraindividuell bei wiederholten Ableitungen als auch interindividuell bei Reizung verschiedener Hautsegmente als sehr konstant erwiesen. Weitere auf diese drei Schwankungen folgende Auslenkungen treten dagegen so unregelmäßig und mit so starken Latenzzeitschwankungen auf, daß sie hier nicht weiter berücksichtigt werden.

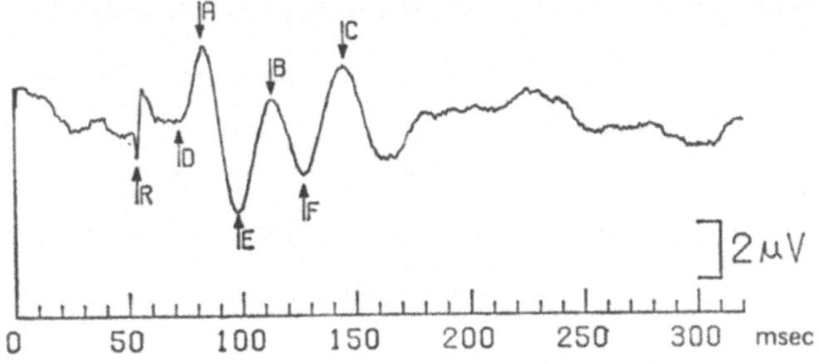

Abb. 7. Typisches corticales Reizantwortpotential (SRAP) einer gesunden Versuchsperson nach Reizung im Segment D 6. Die Amplitudeneichung bezieht sich auf ein einzelnes Potential. *R:* Reizartefakt, *A:* Maximum I, *B:* Maximum II, *C:* Maximum III, *D:* Minimum I (meist nur an den oberen Extremitäten ausgeprägt), *E:* Minimum II, *F:* Minimum III. (Nach Baust et al., 1972a)

Bei zehn der zahlreich untersuchten Normalpersonen in einem Alter von 20–50 Jahren wurden für die SRAP aller 17 spinalen Hautsegmente Latenzen und Amplituden bestimmt. Die gefundenen Mittelwerte und die dazugehörigen einfachen Standardabweichungen sind den Tabellen 1 und 2 zu entnehmen.

In Abb. 8 sind in übersichtlicher Form die SRAP einer Versuchsperson nach Reizung der 17 spinalen Hautsegmente dargestellt (Baust et al., 1972a, b).

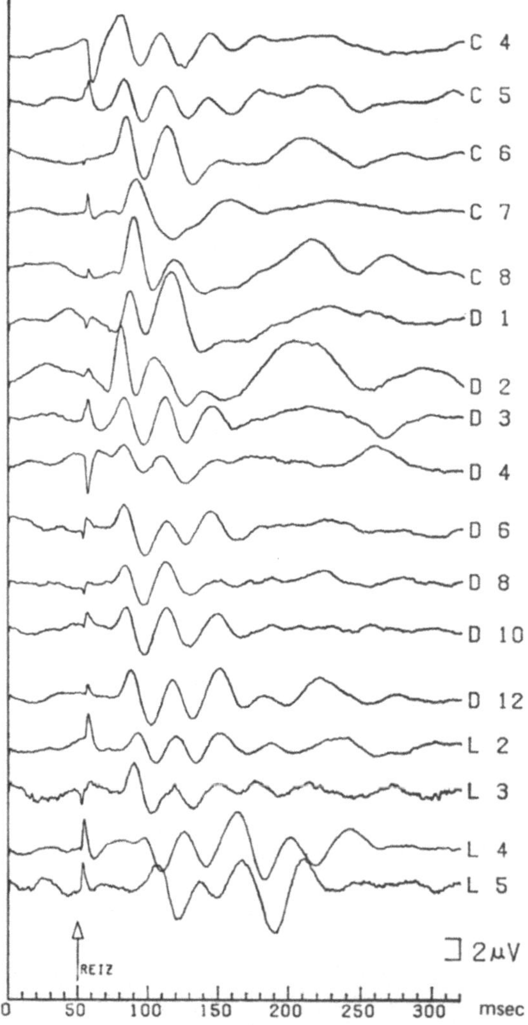

Abb. 8. Corticale somatosensorische Reizantwortpotentiale (SRAP) einer gesunden Versuchsperson nach Reizung in 17 verschiedenen Hautsegmenten. Der Pfeil im unteren Teil der Abbildung markiert den Zeitpunkt des Reizes. Die unmittelbar nach dem Reiz folgenden Auslenkungen sind die Reizartefakte. Die Latenzen der SRAP bei Reizung im Segment C 4 und im Rumpfbereich sind am kürzesten. Minimum I ist am besten bei C 7, C 8, D 1 und D 2 ausgeprägt. Die Amplitudeneichung bezieht sich auf ein Einzelpotential. (Nach Baust et al., 1972a)

Die Latenzen zeigen gemäß der Tabelle 1 interindividuell einer sehr geringe Schwankung, und es bereitet in der Regel keinerlei Schwierigkeiten, die Potentialauslenkungen als Maximum I–III bzw. Minimum I–III zu identifizieren. Nur Minimum I zeigt nach

Reizung an den unteren Extremitäten oft keine oder nur eine schlechte Potentialauslenkung nach unten, wie es auch von Noel und Desmedt (1975) beschrieben worden ist.

Tabelle 1. Latenzwerte der somatosensorischen Reizantwortpotentiale (SRAP) der 17 spinalen Hautsegmente von zehn Normalpersonen

| | Latenzen (msec) | | | | | |
	Min. I	Max. I	Min. II	Max. II	Min. III	Max. III
C 4	15,23	24,19	36,99	50,56	68,35	92,80
	1,74	1,37	2,14	3,72	9,25	13,26
C 5	18,37	28,80	42,18	56,53	74,69	93,52
	2,24	2,66	3,19	5,03	8,01	10,74
C 6	19,84	31,50	44,66	57,02	78,14	96,48
	2,97	3,30	3,84	4,57	8,34	11,77
C 7	22,19	35,27	51,13	54,27	80,43	109,26
	4,74	3,86	9,33	2,98	8,29	5,63
C 8	21,76	33,92	47,30	57,28	84,80	100,99
	4,62	1,76	9,30	4,97	9,73	6,46
D 1	19,98	30,72	41,46	56,70	79,36	99,41
	2,59	2,24	4,47	6,95	10,36	8,42
D 2	17,92	28,00	39,75	55,04	82,56	106,45
	1,60	2,09	3,07	5,94	8,11	4,68
D 3	17,92	27,68	41,60	58,56	75,14	84,35
	2,96	2,80	3,36	5,41	9,57	7,72
D 4	19,92	28,09	41,60	57,33	75,80	92,08
	2,30	2,23	4,94	6,85	10,95	7,60
D 6	19,33	28,99	44,03	56,89	73,02	90,64
	3,17	3,61	4,40	5,35	9,09	8,56
D 8	19,20	30,51	43,09	60,48	78,86	89,60
	1,91	2,49	4,46	4,95	10,05	4,85
D 10	22,33	31,63	43,95	58,35	71,89	92,25
	4,90	1,52	3,28	6,60	9,48	8,58
D 12	19,39	32,32	50,43	65,92	79,04	93,23
	3,67	4,62	7,99	5,60	9,43	9,48
L 2	21,82	38,40	49,15	63,10	79,30	96,96
	5,14	4,79	5,23	6,46	6,19	10,30
L 3	23,11	38,33	50,92	68,16	80,71	94,72
	5,15	3,37	6,12	8,30	7,16	7,44
L 4	23,74	46,22	56,58	68,55	82,50	104,53
	6,75	3,22	4,83	5,49	5,40	6,21
L 5	28,54	49,35	62,27	77,94	93,06	110,01
	9,81	6,34	6,36	8,46	5,45	4,87

22

Bei Reizung der unteren Cervicalsegmente, meist C 7 und weniger häufig auch C 8, weist das zweite Maximum bei ca. 20% der Normalpersonen zwei Gipfel auf, welche durch ein zusätzliches kleines Minimum getrennt sind. In diesen Fällen ist nur der erste der beiden Gipfel manuell und mit Hilfe des Großrechners ausgewertet worden. Die Latenzen sind entsprechend der kürzesten Entfernung zwischen Reiz- und Ableiteort im Segment C 4 und C 5 und in den Thoracalsegmenten am kleinsten. Die größten Latenzen finden sich nach Reizung der Handpartien und des Beines.

Intraindividuell ist bei mehreren aufeinander folgenden Segmentreizungen eine konstante Latenz insbesondere des ersten biphasischen Ablaufes feststellbar (s. dazu Abb. 10). Ebenso zeigt die Standardabweichung der Spitzenlatenzen, daß die kleinste interindividuelle Schwankung überwiegend bei den ersten beiden Spitzenlatenzen zu finden ist; aber auch diese Schwankungsbreite geht noch überwiegend zu Lasten der Körpergrößendifferenzen und ist nur zu einem geringen Teil Folge anderer individueller Merkmale (z.B. Alter). Dies bestätigen auch die Ergebnisse von Noel (1975), der nach N. suralis-Reizung und kontralateraler SRAP-Auswertung Latenzdifferenzen von 12 msec in Abhängigkeit von der Körpergröße zwischen 160 und 200 cm beschrieben hat.

Auf den Einfluß der Körpergröße, eines Individualitätsfaktors und insbesondere auch des Alters soll weiter unten eingegangen werden. Es soll aber schon jetzt im Hinblick auf die zahlreichen die Latenzen beeinflussenden Faktoren betont werden, daß die in der Tabelle 1 angegebenen Mittelwerte immer nur als Richtwerte bei der Beurteilung einer eventuellen pathologischen Abweichung zu gelten haben, und daß sie immer auch mit der peripheren sensiblen Leitungsgeschwindigkeit in Beziehung zu setzen sind.

Die Amplituden liegen in einem Bereich von 0,5–3 µV und zeigen im Gegensatz zu den Latenzen besonders für den letzten biphasischen Ablauf deutlich größere intraindividuelle und interindividuelle Schwankungen. Die interindividuelle Amplitudenvariabilität ist sehr stark ausgeprägt; sie kommt in der Tabelle 2 darin zum Ausdruck, daß die Standardabweichung bis über 100% des Mittelwertes betragen kann. Diese Tatsache hat sich bei den weit über hundert Normalpersonen, bei denen insbesondere C 8-Ableitungen vorgenommen wurden, immer wieder bestätigt. Keinesfalls erreicht die Amplitudenvariabilität aber Ausmaße, wie sie von den optischen RAP her bekannt sind (Faidherbe et al., 1972; Callaway u. Halliday, 1973). Insbesondere finden sich bei den somatosensorischen RAP keine ausgeprägteren Seitendifferenzen bei der gleichen Versuchsperson.

Vergleicht man die Amplitudenhöhe der einzelnen Hautsegmente, so fällt eine ausgeprägtere *Amplitudendepression nur im Thoracalbereich* auf. Ein Zusammenhang mit der Reizstärke ist auch unter der Annahme einer unterschiedlichen Receptorenempfindlichkeit nicht gegeben, da immer supramaximal, d.h. mit doppelter Schwellenstromstärke, gereizt wurde. Bei der Umsetzung des physikalischen Reizes in Erregung ist es demgegenüber von Bedeutung, wieviele und welche Receptoren adäquat oder inadäquat gereizt wurden. Bekanntlich geht die von den Acren nach zentral hin größer werdende simultane Raumschwelle mit einer abnehmenden Flächendichte der Receptoren einher. Des weiteren unterscheiden sich Rumpf und Extremitäten auch in der Ausdehnung der zentralen Repräsentationsfelder in der somatosensorischen Area des Großhirns. Die Amplitudenreduktion im Rumpfbereich ist somit durch die geringere Receptorendichte bzw. durch die kleinere korrespondierende Neuronenzahl in der entsprechenden sensiblen Hirnregion ausreichend erklärt. So weisen auch die Ergebnisse von Debecker und Desmedt (1964), welche trotz gleicher subjektiver Empfindungsstärke mit einer Vergrößerung des Hautareals bei konstanter Reizstärke eine RAP-Amplitudenzunahme beobachtet haben, auf die Bedeutung der Anzahl der gereizten Receptoren hin.

Tabelle 2. Amplitudenwerte der somatosensorischen Reizantwortpotentiale (SRAP) der 17 spinalen Hautsegmente von zehn Normalpersonen

| | Amplituden (μV) | | | | | |
| | Null-Spitze | | | Spitze-Spitze | | |
	I	II	III	I	II	III
C 4	2,07	1,28	0,97	1,65	1,88	2,25
	0,84	1,03	0,64	1,63	1,44	1,96
C 5	1,48	0,93	0,80	1,38	1,56	1,55
	0,79	0,60	0,79	0,87	1,29	1,76
C 6	2,44	1,79	1,37	2,27	2,56	1,81
	1,61	1,30	1,32	1,76	1,98	1,78
C 7	2,70	1,80	0,99	2,68	1,42	2,30
	1,30	1,48	0,69	1,51	1,00	1,37
C 8	2,16	1,92	0,79	2,33	1,65	1,60
	1,57	1,81	0,84	1,56	1,26	1,61
D 1	1,61	1,67	1,14	1,86	2,38	1,38
	1,37	1,47	1,03	1,53	1,84	1,27
D 2	1,52	1,06	0,32	1,50	2,00	0,70
	0,65	0,85	0,12	0,98	1,34	0,58
D 3	1,24	1,14	0,63	1,15	2,14	0,93
	1,04	1,96	0,30	0,88	1,38	0,89
D 4	0,98	0,75	0,79	0,90	1,50	1,60
	0,87	0,67	0,65	0,87	1,11	1,39
D 6	1,15	0,95	0,60	1,35	1,50	1,13
	0,88	0,86	0,41	1,25	1,22	0,84
D 8	0,83	0,56	0,33	1,15	1,08	0,65
	0,66	0,36	0,21	0,66	0,64	0,54
D 10	0,73	1,03	0,71	0,95	1,51	0,94
	0,47	0,82	0,42	0,72	1,43	0,67
D 12	0,76	0,63	0,84	1,03	1,48	1,30
	0,48	0,57	0,87	0,60	1,28	1,23
L 2	0,60	0,80	0,87	1,14	1,64	1,34
	0,37	0,77	0,58	0,81	1,36	1,03
L 3	0,64	0,63	0,55	1,02	1,19	0,91
	0,37	0,51	0,48	0,64	0,86	0,82
L 4	0,86	0,72	1,27	1,38	1,18	1,87
	0,49	0,42	1,08	1,06	1,26	1,59
L 5	0,96	0,69	1,34	1,33	1,87	1,66
	0,56	0,49	0,60	0,67	1,22	1,33

24

Bei etwa 10–20% der gesunden Versuchspersonen fällt nicht nur isoliert eine thoracale, sondern eine allgemeine, d.h. auch die cervicalen und lumbalen Segmente umfassende Amplitudenreduktion auf. Der EEG-Auswerter würde vergleichsweise von einem Niederspannungstyp sprechen, wenn auch eigene Untersuchungen keine Korrelation zwischen dem EEG-Ausprägungsgrad und der SRAP-Ausprägung erkennen lassen. Wichtig ist es bei der Beurteilung der SRAP, diese *allgemeine Amplitudenreduktion* nicht als pathologisch zu werten und immer die Latenzergebnisse in den Mittelpunkt der Bewertung zu stellen. Dabei ist zu fordern, daß sich bei einer gesunden Versuchsperson immer in allen Hautsegmenten ein sichtbares SRAP nach 1024 Reizen, ggf. mit entsprechender Verstärkung, nachweisen lassen muß. Dies entspricht der Tatsache, daß jede Normalperson nach Mittelfingerreizung auch ein sensibles Nervenaktionspotential am N. medianus im Handgelenkbereich aufweist, gleichgültig, ob dies nun 20 μV oder 100 μV hoch ist.

Es versteht sich, daß diese Forderung nur unter Berücksichtigung aller methodischen Bedingungen erfüllt wird. In der Literatur tauchen diese Amplitudenprobleme deshalb nicht auf, weil nahezu alle Autoren Nervenstammreizungen durchführen, und dabei in der Regel schon 100–200 RAP-Aufsummierungen ein gut ausgeprägtes SRAP ergeben.

Bei der SRAP-Beurteilung gilt als wichtigstes Kriterium die Latenzzeit der einzelnen Minima bzw. Maxima. Ein Vergleich der von uns gefundenen Werte mit den bisher in der Literatur veröffentlichten Latenzangaben stößt aus mehreren Gründen auf Schwierigkeiten. Zum einen gibt es bisher noch keine einheitliche *Nomenklatur für die Maxima und Minima der SRAP*. Debecker und Desmedt (1964), Allison (1962) und Goff et al. (1962) numerieren die negativen und positiven Auslenkungen fortlaufend, aber unterschiedlich; Uttal und Cook (1964) bezeichnen die drei negativen konstanten Auslenkungen mit M-, N- und O-Wellen.

Neben der unterschiedlichen Nomenklatur wird die Zuordnung der einzelnen Potentialschwankungen noch durch die Tatsache erschwert, daß sich bei einer geringen Zahl von Versuchspersonen nach Reizung der Nervenstämme am Handgelenk bzw. Reizung bei C 7, C 8 oder Fingerreizung eine Zweigipfelung des zweiten Maximums nachweisen läßt (Giblin, 1964; Uttal u. Cook, 1964; Gastaut et al., 1967).

Aus Vereinfachungsgründen erscheint uns bei Berücksichtigung aller Umstände die Bezeichnung mit Minima und Maxima noch am sinnvollsten. Sie sagt im Gegensatz zu der Benennung mit N 1–N 3 bzw. P 1–P 3 primär nichts über die Polarität im Bereich der einzelnen Ableiteelektroden aus und läßt auch unterschiedliche Ableitetechniken außer acht. Polaritätsbezeichnungen sollten nur dann benutzt werden, wenn gegen eine sicher indifferente Elektrode abgeleitet wird, was hier nicht der Fall ist.

Die in der *Literatur* angegebenen *Latenzwerte bei Erwachsenen* lassen sich in der überwiegenden Zahl zwanglos den vorliegenden Ergebnissen zuordnen, wenn man die unterschiedliche Nomenklatur, methodische Unterschiede und die Tatsache der überwiegenden Nervenstammreizung berücksichtigt (Dawson, 1954; Allison, 1962; Abrahamian et al., 1963; Giblin, 1964; Debecker u. Desmedt, 1964; Shagass u. Schwartz, 1964; Vatter, 1967; Gastaut et al., 1967; Bergamini et al., 1965; Larsson u. Prevec, 1970; Calmes u. Cracco, 1971; Blair, 1971; Desmedt, 1971; Saletu et al., 1971, 1972; Tsumoto et al., 1972; Sakai et al., 1972; Velasco et al., 1973; Nakanishi et al., 1973a, b, 1974).

Der Latenzunterschied zwischen Nervenstamm- und Haut-Reizung beruht darauf, daß in den gereizten Endstrukturen (z.B. Mechanoreceptoren) eine zeitverbrauchende Energietransformation und Codierung erfolgt (Ehrenberger et al., 1966); zum anderen ist die Nervenleitungsgeschwindigkeit für die motorischen und noch ausgesprochener für die

sensiblen Bahnen distal deutlich gegenüber proximal verzögert (s. Kapitel II.3.a). Unter
Berücksichtigung dieser Tatsache kann der Potentialbeginn nach Finger- bzw. Nerven-
stamm-Reizung am Handgelenk bei ca. 20 msec erwartet werden, wobei die erste Potentialspitze der unteren Extremitäten oft nicht oder nicht so deutlich ausgeprägt erscheint.

Einzelne Autoren haben nach Medianus- oder Ulnaris-Reizung zusätzlich noch eine
SRAP-Spitze bei etwa 16 msec beschrieben (Goff et al., 1962; Broughton et al., 1969;
Larsson u. Prevek, 1970). Kühn et al. (1973) konnten eine nach oben gerichtete kleine
Welle mit einer Latenz von 14,8 msec nur in 70% der 57 Normalpersonen nachweisen,
wenn sie den Medianusstamm am Handgelenk reizten. Shagass und Schwartz (1974) beschrieben ebenfalls eine solch *frühe Spitze*, werteten sie aber wegen ihrer Inkonstanz
nicht aus.

Wenn diese frühe Spitze auch nur von wenigen Autoren konstant nachgewiesen werden konnte, so kann ihr Auftreten nicht allein durch unterschiedliche Ableitepunkte erklärt werden. Faßt man die Spitze trotz häufig schlechter Abbildungsqualität als arte-
faktfrei auf, so können auch die wechselnden Polaritätsangaben und die übrigen Spitzenlatenzen zu keiner Erklärung beitragen.

Zahlreiche eigene Kontrolluntersuchungen mit oberen Bandbreiten bis 10 000 Hz ließen in einzelnen Fällen auch ein noch früheres, vor dem Minimum I gelegenes Potential
erkennen. Dies bestärkt den Verdacht, daß es sich hier um ein somato-motorisches
Potential handeln könnte, wie es Cracco und Bickford (1968) und Cracco (1972a) beschrieben haben.

Zusammenfassend ist festzustellen, daß bei Normalpersonen innerhalb der ersten
120 msec nach dem Hautreiz konstant und reproduzierbar in der Regel drei Minima und
Maxima nachweisbar sind, der Beginn des SRAP nach Handreizung bei ca. 20 msec liegt,
und den Latenzwerten bei der Beurteilung die größte Bedeutung zukommt.

Bevor auf die methodischen Fehlermöglichkeiten und die corticalen Ableitepunkte
genauer einzugehen ist, muß gegenüber der vorliegenden und auch von allen übrigen
Autoren verwandten Auswertetechnik kritisch bedacht werden, daß nur die Spitzenlatenzen und die Amplituden, nicht dagegen die Amplitudenflächen, Berücksichtigung finden. Der Verzicht auf Ausmessung des *SRAP-Flächenintegrals* ist rein methodisch bedingt; denn es ist unbestreitbar, daß auch das Verhalten der SRAP-Fläche grundsätzlich
von Interesse ist, da die Gesamtfläche ein Maß für die gesamte, von einem Reiz ausgelöste
Aktivität einer cerebralen Funktionseinheit darstellen dürfte. Die ausgemessene Amplitude ist demgegenüber nur Ausdruck für die größte Aktivität zu einem ganz bestimmten
Zeitpunkt.

Trotz dieser Tatsache glauben wir aufgrund zahlreicher Untersuchungen von Versuchspersonen und Patienten sagen zu können, daß wesentliche neue Beurteilungskriterien bei
Verwertung der SRAP-Flächenbefunde nicht zu erwarten sind.

b) Methodische Fehlermöglichkeiten

Methodische Fehler verursachen nicht selten falsch negative oder falsch positive Befunde.
Die *Konstanz der Reiz- und Ableitetechnik* wurde bereits eingehend besprochen; auf die
Beeinflussung der SRAP-Ausprägung durch Veränderung der Reiztechnik wird im nächsten Abschnitt noch gesondert eingegangen. Zur Frage höherer oberer Bandbreiten ist
festzuhalten, daß sie zur Erlangung exakter Normalwerte bei kurzen Ableitungen (Nerven-

stammreizung) am günstigsten sind, ihre Anwendung in der klinischen Praxis aber trotz der Summationstechnik wegen der Dauer der Hautsegmentreizungen und der häufig verspannten oder nicht kooperativen Patienten nicht brauchbar erscheint. Ähnliche Erfahrungen sind dem Neurologen von EEG-Routineableitungen her bekannt.

Die Verwendung einer oberen Grenzfrequenz von 30 oder 200 Hz führt nun im Gegensatz zu Hochfrequenzfiltern zu einer Kurvenglättung und einer geringen Verzögerung der einzelnen Latenzspitzen. Dieser nachteilige Effekt wird aber durch die Tatsache aufgewogen, daß die unerwünschte, bei verspannten Patienten öfter nachweisbare *somatomotorische Antwort* keinen störenden Einfluß hat. Dieses von Bickford et al. (1963) erstmals beschriebene motorische Antwortpotential ist nur einige msec lang, tritt noch vor dem Beginn des SRAP nach Medianus-Reizung auf und findet sich bei Anspannung der Nacken- oder Kau-Muskulatur symmetrisch über den Ableitepunkten beider Hemisphären (Calmes et al., 1971; Cracco, 1972b; Stowell, 1972). Der frühzeitige Beginn der somato-motorischen Antwort soll durch ihre Entstehung über einen spino-bulbo-spinalen Reflex ohne corticale Zwischenschaltung bedingt sein (Meier-Ewert et al., 1972; Struppler, 1974). Nachgewiesen ist ihr Auftreten nicht nur nach somato-sensorischen, sondern auch nach akustischen und optischen Reizen (Meier-Ewert u. Broughton, 1967).

c) Corticale Ableitepunkte der SRAP

Es besteht kein Zweifel, daß die größten Amplituden und kürzesten Latenzen der SRAP bei Reizung an der Hand über dem kontralateralen corticalen Handfeld und bei Fußreizung in Vertexnähe über dem Fußfeld des Gyrus postcentralis ableitbar sind (s. Abb. 3b). Diese *optimalen Ableiteorte* für die sogenannte differente Elektrode werden von allen Untersuchern einheitlich beurteilt (Woolsey-Erickson, 1950), gleichgültig, ob die zweite Elektrode nasal, frontal, am gleichseitigen Ohr oder, wie im vorliegenden Falle, präzentral gelegen ist. Leitet man gleichzeitig über mehreren kontralateralen und homolateralen Hirnregionen ab, so werden die Wertigkeit der einzelnen Potentialspitzen und ihr Entstehungsort deutlich.

Die erste biphasische Komponente, die sich aus dem Minimum I, Maximum I und ggf. auch noch aus dem Minimum II zusammensetzt, kann als *primäre Antwort* nur kontralateral abgeleitet werden und weist ihre größte Amplitude und kürzeste Latenz in der Umgebung des primären Projektionsrindenfeldes (Gyrus postcentralis) auf (Larson et al., 1966; Brazier, 1967; Desmedt, 1971; Tsumoto, 1972). Ob diese erste Potentialphase neben den axonalen afferenten Impulsen auch unmittelbare prä- und postsynaptische Aktivität verschiedener corticaler Neurone mit einschließt, soll später diskutiert werden.

Die späteren Potentialkomponenten (etwa ab 50–80 msec nach dem Reiz) sind über der gesamten kontralateralen und homolateralen Schädelkonvexität nachzuweisen, jedoch zeigen sie eine wesentlich größere Variabilität und erhebliche topische Änderungen im Verlauf einer Reizserie (Fruhstorfer, 1966).

Während nun der frühe SRAP-Anteil über den kürzesten afferenten Weg entsteht – man spricht zwar von den „lemniscalen Bahnen", schließt aber trotz der wichtigen anatomischen Differenzierung den spinothalamischen Anteil nicht aus (s. Kapitel II.4) – ist der *Entstehungsmodus der beidseitig auftretenden späten SRAP-Komponenten* umstritten. Arbeitsgruppen um Hazemann et al. (1969, 1970) und Lewis et al. (1972) vermuten eine gekreuzte und eine ungekreuzte Ausbreitung in beide Hirnhälften über unspezifische Thalamuskerne, wobei als polysynaptisches, sogenanntes extralemniscales System u.a. die Formatio reticularis als aufsteigendes reticuläres Aktivierungssystem (ARAS) und thalamocorticale Erregungskreise zwischengeschaltet sind.

Demgegenüber haben Untersuchungen an Hemisphärektomierten (Saletu et al., 1971b), Thalamuskernableitungen (Larson et al., 1966), genaue homolaterale und kontralaterale Latenzausmessungen (Tamura, 1972) und nicht zuletzt Untersuchungen nach Verlust der interhemisphärischen Verbindung über den Balken (Ferries, 1973) aufzeigen können, daß von kontralateral her eine nachfolgende Aktivierung der ipsilateralen Hemisphäre über eine interhemisphärische Bahn, ggf. das Corpus callosum, erfolgen muß.

Williamson et al. (1970) und Cohn (1970) fanden kontralateral 5 msec kürzere Potentialspitzen im Vergleich mit den korrespondierenden homolateral abgeleiteten Komponenten und lehnen daher sowohl die von Larson et al. (1966) vermutete Volumenleitung nach homolateral als auch die frühere Auffassung eines "dual projection system" (Uttal u. Cook, 1964; Bergamasco, 1966) ab. Der überzeugendste Beweis gegen eine ungekreuzte afferente spinocorticale Verbindung ist wohl die Tatsache, daß bei Reizung kontralateral zu einer geschädigten Hemisphäre auch die späten ipsilateralen Wellen der nicht betroffenen Hemisphäre pathologisch verändert sind (Tamura, 1972; Tsumoto, 1973).

Wenn auch zahlreiche Untersuchungsbefunde dafür sprechen, daß die *homolateralen SRAP-Komponenten* als Ausdruck einer Aktivierung der ipsilateralen Hemisphäre von kontralateral her anzusehen sind, so bleibt doch die Genese der späten kontralateralen SRAP-Anteile noch unklar. Es soll aber erst im letzten Abschnitt zusammenfassend Stellung dazu genommen werden, ob sie als „Nachschwingung" in den sensiblen „Assoziationszentren" zahlreicher Hirnrindenneurone nach einem isolierten Thalamusimpuls aufzufassen sind oder ob hier „Folgeantworten" eines sich zunehmend desynchronisierenden Nervenaktionspotentials vorliegen. Die einzelnen corticalen Ableitepunkte und ihr entsprechendes Reizanwortpotential nach einem sensiblen Reiz erlauben aber schon vor dem Eingehen auf cerebrale Erkrankungen die Feststellung, daß den spezifischen sensorischen Reizen auch elektrisch bestimmte Hirnregionen zugeordnet sind.

d) Spezifität der Ableitepunkte und der RAP bei sensorischen Reizen

Nicht nur anatomisch, sondern auch elektrisch kann man bestimmte Hirnregionen spezifischen Sinnesmodalitäten zuordnen (Gastaut et al., 1967). *Diese corticale Spezifität* drückt sich zum einen durch die unterschiedlichen optimalen Ableitepunkte aus. So finden sich die besten RAP nach Geschmacksreizung homolateral oder kontralateral über dem untersten Teil des Gyrus postcentralis (Kawamura, 1971; Funakoshi et al., 1971; Plattig, 1972). Maximale akustische und olfaktorische RAP werden über der Vertexregion beschrieben (Deeke et al., 1973; Geruli et al., 1975). Für die optischen Antwortpotentiale findet u.a. Ciganek (1969) occipital die beste Ausprägung.

Neben den differierenden optimalen Ableitepunkten zeigen die den Sinnesmodalitäten zugeordneten *spezifischen Reizantwortpotentiale* auch hinsichtlich Latenzen und Amplitudenausprägung entsprechende Charakteristika (s. Abb. 9) (Buser, 1975). Daß frühe RAP-Komponenten nach akustischer und olfaktorischer Reizung ganz zu fehlen scheinen und selbst nach optischer Reizung Normalpersonen oft keine primären Anteile bis 50 msec nach dem Reiz aufweisen, dürfte ihre Aussagekraft trotz gegenteiliger Auffassung von Namerow und Enns (1972) in der klinischen Anwendung einschränken.

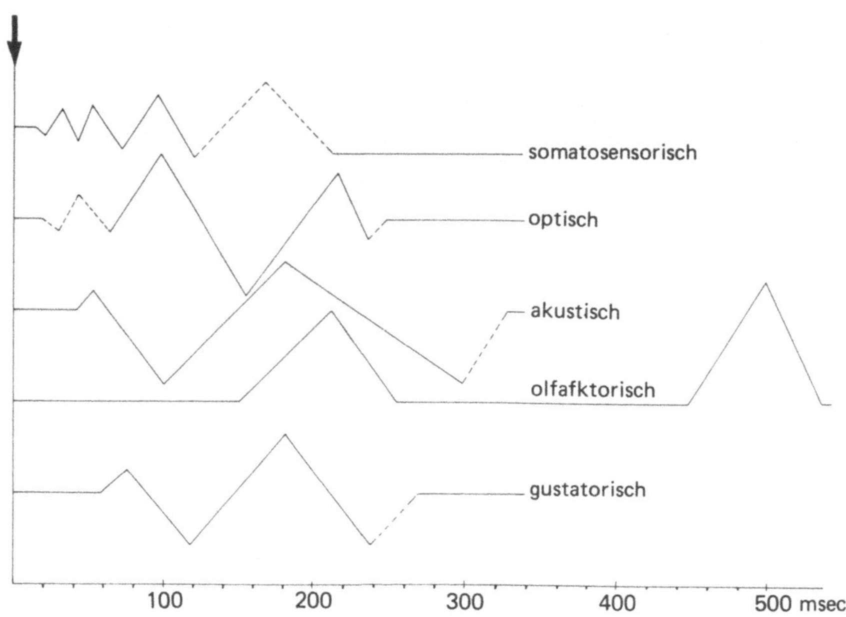

Abb. 9. Corticale Reizantwortpotentiale, schematisiert für die einzelnen Sinnesmodalitäten (somatosensorisch, akustisch, optisch, olfaktorisch, gustatorisch). Überschlagsmäßig verhält sich die Amplitudenhöhe der RAP gegenüber den somatosensorischen RAP, welche am niedrigsten sind, wie 1:3 für die gustatorischen, 1:5 für die optischen, 1:10 für die akustischen und 1:80 für die olfaktorischen RAP

Demgegenüber deuten die besprochenen Normalwerte der SRAP und ihre spezifischen corticalen Ableitepunkte darauf hin, daß die SRAP zur Überprüfung der Funktionstüchtigkeit des gesamten sensiblen Systems geeignet erscheinen. Eine Aussage über eventuelle pathologische Abweichungen der SRAP-Befunde im Sinne einer Störung der afferenten Bahnen oder des sensiblen Hirnrindengebietes selbst darf aber erst dann getroffen werden, wenn alle Faktoren Berücksichtigung finden, die die SRAP schon normalerweise beeinflussen können.

2. Faktoren der möglichen SRAP-Beeinflussung

Die einfache Beziehung „Reiz — Reizantwort" wird bei gesunden Versuchspersonen durch eine Vielzahl von Größen beeinflußt (s. Tabelle 3).

a) Methodische Veränderungen

Alle Untersucher benutzten supramaximale, maximal 0,2 msec lange Rechteckströme, um so unter konstanten Reizbedingungen exakte SRAP-Auswertungen zu ermöglichen. Nicht-supramaximale Reize werden deshalb nicht verwandt, weil im deutschen Sprachraum besonders Keidel und seine Schule (1971) bei akustischen RAP nachweisen konn-

Tabelle 3. Krankheitsunabhängige Faktoren der SRAP-Beeinflussung

A. Methodische Veränderungen	1. Reizstärke
	2. Reizfrequenz bzw. Interstimuluszeit
B. Vigilanz-abhängige Einflüsse	1. Schlafstadium
	2. Ermüdung bzw. Aufmerksamkeitsminderung
	3. Wachheitsgrad
C. Exogene SRAP-Einflüsse	1. Psychologische Parameter
	2. Medikamente
	3. Umgebungs- bzw. Hauttemperatur
	4. gleichzeitige Reizung verschiedener sensorischer Systeme
D. Individuelle Einflüsse	1. hereditärer Faktor
	2. Körpergröße
	3. Lebensalter

ten, daß bestimmte Amplituden mit der Zahl der synchron aktivierten Einheiten zunehmen und folglich die direkte corticale Reaktion bei den einzelnen Sinnesmodalitäten in typischer Weise mit der Reizstärke wächst. Keidel wies für die Potentialgröße A eine spezifische Funktion der *Reizstärke* R nach (A = k · R_n); Stevens fand in Korrelation dazu einen linearen Zusammenhang zwischen Reiz- und Empfindungsgröße (Spreng, 1969; Franzen et al., 1969).

Bei den somatosensorischen RAP zeigt sich nach Gestring (1969) und eigenen Erfahrungen bei Normalpersonen erst dann ein kleiner SRAP-Gipfel, wenn der Reiz auch verspürt wird (s. Abb. 4). Weitere Reizstärkezunahme führt dann für die einzelnen Maxima unterschiedlich stark und individuell verschieden bis etwa zur doppelten Schwellenstromstärke zu einem Amplitudenanstieg. Nur die interindividuellen Unterschiede können die in der Literatur differierenden Angaben über das *reizstärkeabhängige Ansteigen der einzelnen Amplituden* erklären (Debecker et al., 1964; Gartside, 1966; Pfurtschneller, 1971; Kühn et al., 1973). Der Eindruck, daß von den hier untersuchten drei Maxima und Minima das dritte biphasische Potential oft die deutlichste Reizstärke/Amplitudenhöhe-Korrelation zeigt, gilt sicher nicht für alle Normalpersonen.

Die individuellen Latenzzeiten sind bei Verlaufsuntersuchungen mit gleicher Reizstärke bemerkenswert konstant (s. Abb. 10), und es darf hier der Einfluß der Reizstärke vernachlässigt werden, wenn diese wie gewöhnlich die doppelte Schwellenstromstärke beträgt. Nur in den ersten Bereichen oberhalb der Reizschwelle ist eine leichte *Latenzabnahme mit zunehmender Reizstärke* sowohl für die positive Spitze am NAP als auch das Minimum I des SRAP feststellbar (s. dazu Abb. 4; Creutzfeldt u. Kuhnt, 1967). So fanden Kühn et al. (1973) für die erste SRAP-Potentialspitze nach Medianus-Reizung nur eine Differenz von 0,6 msec (bei Ulnarisreizung 0,9 msec), andere Autoren geben noch geringere oder gar keine Latenzdifferenzen an (Halliday, 1967; Pfurtschneller, 1971; Oester et al., 1972).

Eine initiale Latenzabnahme nach Reizung oberhalb der Schwellenstromstärke zeigt sich noch deutlicher bei der Reizung der motorischen Nervenfasern und wird unter

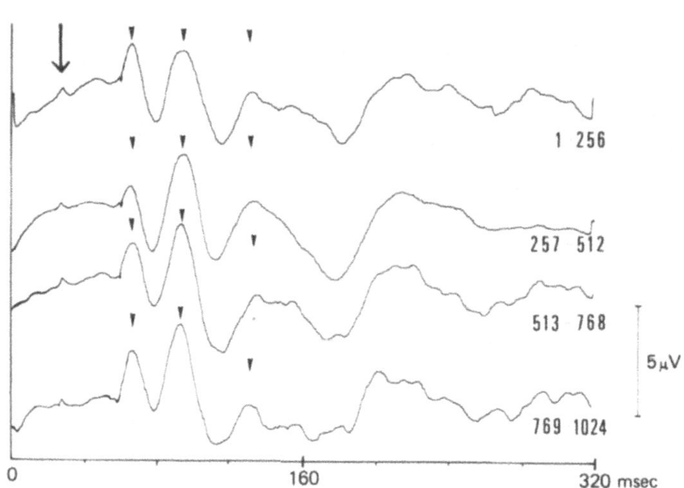

Abb. 10. Geringe Amplitudenabnahme nur der späten SRAP-Anteile nach C 8-Reizung und Aufsummierung von nachfolgenden 256 Reizantworten im Sinne eines Ermüdungsphänomens. Zu beachten sind weiterhin die nur geringen intraindividuellen Latenzschwankungen

anderem von Hodes et al. (1965) überzeugend damit erklärt, daß bei niedriger Reizstärke zunächst nur Fasern mit dünnerer Myelinscheide erregbar sind und dies folglich mit einer langsameren NGL einhergeht, als es nach Reizung der raschest leitenden und weniger leicht erregbaren Fasern mit dickerer Myelinscheide der Fall ist.

Bei konstanter Reizintensität wird die corticale Reaktion auch von dem Zeitgang der cerebralen Reizantworten bestimmt. Jede Reizantwort hinterläßt das System in verminderter Erregbarkeit, von der es sich erst allmählich wieder erholt. Calvet et al. (1956) stellten bei Überschreitung einer *Frequenz* von 2 Hz eine Amplitudenminderung fest; wir konnten dagegen bei dem Vergleich der SRAP nach Reizen mit 1,5 und 2,5 Hz noch keine signifikanten Latenz- und Amplitudenunterschiede feststellen, wenn man die Schwankungen der späten Komponenten als normale Variante wertet.

Nun muß aber das bekannte Adaptationsphänomen, welches im Gegensatz zum Ermüdungsphänomen (s. Abb. 10) in den vorliegenden Untersuchungen keine besondere Rolle spielt, von der eigentlichen *Refraktärzeit der einzelnen SRAP-Anteile* differenziert werden. Die Refraktärzeit kann für die einzelnen Spitzenlatenzen und Spitze/Spitze-Amplituden durch Doppelreize bestimmt werden, wobei die Amplituden des zweiten RAP von einem bestimmten abnehmenden Reizintervall an kleiner werden und gleichzeitig die Spitzenlatenzen zunehmen, bis die absolute Refraktärzeit erreicht ist und der zweite Reiz nach Doppelreizung gar nicht mehr beantwortet wird.

Für die Bestimmung der cerebralen Refraktärzeit des ersten Maximums spielt die Refraktärzeit des peripheren afferenten Nerven keine Rolle, da nach Hopf und Lowitzsch (1974) die absolute Refraktärzeit des peripheren sensiblen Nerven nur 0,5 msec beträgt und die untere Grenzfrequenz bei etwa 350 Reizen/sec liegt (Tackmann u. Lehmann, 1974b). Shagass und Schwartz (1964a, b) fanden für die Latenz der zweiten SRAP-Spitze (entspricht unserem Maximum I) schon ab einer Interstimuluszeit von 20 msec eine normale Latenzausprägung; demgegenüber konnten Allison (1962), Desmedt (1971), Nakanishi et al. (1973) erst bei einer Interstimuluszeit von 30–50 msec eine volle Ausprägung des zweiten RAP nachweisen; eigene Untersuchungen mit C 8-Doppelreizen erbrachten ähnlich große Streubreiten (s. Abb. 11).

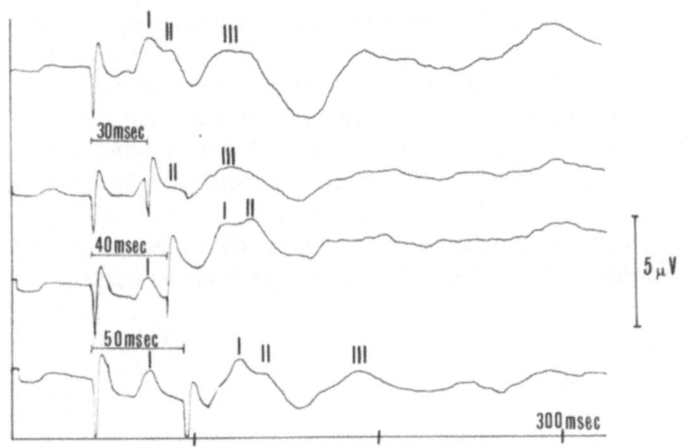

Abb. 11. Ausschnitt aus einer cerebralen Refraktärzeitbestimmung mit Doppelreizen bei C 8 und wachsenden Interstimuluszeiten von 30—50 msec

Die Refraktärzeit für das gesamte SRAP scheint uns aber im Gegensatz zu Allison (1962) nicht bei 1,0 Hz, sondern erst über 2,5 Hz zu liegen. Nur die in der vorliegenden Untersuchung nicht ausgewerteten, noch späteren SRAP-Komponenten besitzen Refraktärzeiten, die weit unter 1 Hz liegen (Schwartz et al., 1962; Bergamasco, 1966: Davis, 1971; Dimov et al., 1972).

Weitere Einzelheiten zur klinischen Anwendung der Refraktärzeit-Bestimmung und der Reizfolgeuntersuchungen („TRAIN") sind dem Kapitel VI.3 zu entnehmen.

Zusammenfassend ist zu der methodisch bedingten SRAP-Beeinflussung festzustellen, daß bei supramaximaler Rechteckreizung bis 0,2 msec Dauer und einer Reizfrequenz, die 1,5 Hz mit konstantem Reizintervall nicht überschreitet, die Konstanz der SRAP-Latenzen und Amplituden bis 120 msec nach dem Reiz ausreichend gegeben ist.

b) Vigilanz-abhängige RAP-Veränderungen

Bei der RAP-Ableitung ist neben einer reizarmen Umgebung bei der Untersuchungsperson selbst auf einen gleichbleibenden, entspannten, nicht schlafenden Zustand zu achten, da trotz konstanter Reizintensität eine deutliche Abhängigkeit der späten Amplitudenausprägung (ab Minimum III) vom Aktivitätsniveau der Hirnrinde nachweisbar ist. Speckmann und Caspers (1973) vermuten als Ursache, daß eine größere Zahl neuronaler corticaler Elemente durch physiologische Erregungsprozesse bereits so weit besetzt werden können, daß sie für die Beantwortung eines Extrareizes nicht mehr ausreichend zur Verfügung stehen. Diese Annahme wird durch die Ergebnisse von Corletto et al. (1976) bestätigt, welche bei den optischen RAP in den synchronisierten *Schlafstadien* eine Amplitudenzunahme beobachteten und dies mit der geringen Neuronen-Besetzung in den Nicht-REM-Stadien erklärten.

Im Gegensatz zu den stabilen frühen RAP-Komponenten zeigen die späten Potentialanteile bei Aufmerksamkeitszunahme meistens einen Amplitudenanstieg, bei Zerstreutheit, *Ermüdung bzw. Aufmerksamkeitsminderung* eine Amplitudenminderung (Giblin, 1964; Ciganek, 1967; Pampiglione, 1967; Pfurtscheller, 1971; Velasco, 1973; Grey Walter, 1975). Wie weit dieses unterschiedliche Betroffensein der RAP-Komponenten durch ihre unterschiedliche cerebrale Entstehung zu erklären ist, bleibt unklar. Falls z.B. die Impulse der späten SRAP-Anteile multisynaptisch auch über die Formatio reticularis verlaufen, wäre hier eine zentrifugale Drosselung der afferenten neuronalen Aktivität bei Ermüdung leicht vorstellbar. Eine ähnliche direkte neuronale Hemmung könnte man sich aber auch in den sensiblen „Assoziationszentren" vorstellen, wenn diese die späten RAP-Anteile ohne Zwischenschaltung der Formatio reticularis produzieren würden.

c) Exogene Einflüsse auf Reizantwortpotentiale

Die Untersuchungen über die Beeinflussung durch *psychische Phänomene* sind kaum noch zu übersehen, und ihre Ergebnisse sind insbesondere bei wechselnder Aufmerksamkeitszuwendung, Handschlußtests und bei Konzentrationsversuchen auf eine von jeweils zwei geprüften Sinnesmodalitäten sehr unterschiedlich (Desmedt et al., 1965; Haider, 1967; Coquery et al., 1971, 1972; Pfurtscheller, 1971; Davis et al., 1972; Harter u. Salmon, 1972; Lee u. White, 1974). Für die vorliegenden Untersuchungen der klinischen RAP-Anwendung erscheint die Tatsache wichtig, daß unter Hypnose oder hypnotischer Anaesthesie keine SRAP-Veränderungen gefunden wurden (Halliday u. Mason, 1964), und daß keine Korrelation zwischen dem Suggestibilitätsgrad und einzelnen SRAP-Amplitudenvariabilitäten besteht (Meszaros, 1973).

Alle untersuchten psychologischen Parameter weisen darauf hin, daß die späten SRAP-Anteile eine deutliche Abhängigkeit vom jeweiligen Status, vom Grad der Habituation und anderen mit der Informationsverarbeitung zusammenhängenden Faktoren aufweisen. Dies läßt die Vermutung zu, daß die primären, d.h. frühen RAP-Antworten die Information über das Reizereignis und dessen Modalität tragen, die späten sekundären Entladungen dagegen Zeichen der während der bewußten Empfindung auftretenden Informationsverarbeitung sind. Letzteres würde den Ergebnissen von Keidel (1971) entsprechen, der bei somatosensorischen RAP zwischen der Amplitude der späten (nicht aber der frühen!) RAP-Komponenten und der Empfindungsgröße einen linearen Zusammenhang fand.

In der klinischen SRAP-Anwendung ist ein krankheitsunabhängiger Faktor der Potentialbeeinflussung besonders zu beachten, nämlich der *medikamentöse Einfluß*.

Weil eine Beeinflussung der SRAP durch Medikamente in therapeutischen Dosen eine Beeinträchtigung der elektro-sensiblen Untersuchungsergebnisse bedeuten würde, haben wir die in der Neurologie gebräuchlichen Pharmaka untersucht (Baust et al., 1976). Jede der acht Substanzen (Metamphetamin, Chlorpromazin, Imipramin, Diazepam, Phenobarbital, Pethidin, Novaminsulfan, und zur Kontrolle physiologische Kochsalzlösung) wurde an fünf Versuchspersonen geprüft, wobei vor und nach parenteraler Medikamentengabe jeweils drei SRAP-Ableitungen in einer Gesamtzeit von ca. 90 min erfolgten.

Die Auswertung erbrachte aber bei keinem Patienten, der in therapeutischen Dosen mit einer der geprüften Substanzen behandelt worden war, eine eindeutige SRAP-Veränderung, d.h. alle gefundenen Werte lagen innerhalb der doppelten Standardabweichung der bei Normalpersonen gefundenen Ergebnisse von C 8.

Nicht deutlich, aber mit konstanter Tendenz, fand sich nach Metamphetamin und Imipramin eine Latenzverkürzung der ersten Potentialspitze; gleichwertige Ergebnisse hat auch eine Arbeitsgruppe von Saletu (1972, 1974) mitgeteilt. Das Neurolepticum Chlorpromazin führte in therapeutischen Dosen ebenfalls nicht zu einer deutlichen Latenzverzögerung des dritten Maximums, wie es Saletu et al. (1971) nach Haloperidol-Gaben besonders ausgesprochen bei den therapeutisch gut ansprechenden psychiatrischen Patienten nachweisen konnten. Eine Amplitudenminderung des Maximums III zeigte sich unter Phenobarbital.

Neben Polakiova (1972) und Clark et al. (1973) haben besonders Bergamini und Bergamasco (1967) und Abrahamian et al. (1963) ebenfalls nach Barbituratgaben ein bevorzugtes Betroffensein der späten RAP-Anteile beschrieben und dies mit einer Empfindlichkeit des sogenannten extralemniscalen Systems, insbesondere der Formatio reticularis, in Zusammenhang gebracht.

Auf weitere zahlreiche Arbeiten zu diesem Thema kann hier nicht näher eingegangen werden (Shagass et al., 1962; Ebe et al., 1969; Sherwin, 1971; Arnold, 1971; Sabelli et al., 1972; Lewis et al., 1973; Taneli, 1973; Salamy u. Williams, 1973); zu bemerken bleibt aber der Eindruck von Saletu (1974), daß RAP und EEG ein vielversprechendes Instrument sind, um über die zentrale Verfügbarkeit eines Psychopharmakons objektive Auskunft geben zu können. Seine weitere Vermutung, daß die RAP einmal Indikator für die klinische Wirksamkeit neu entwickelter Psychopharmaka werden könnten, möchten wir zunächst mit Vorbehalt aufnehmen. Unsinnig ist es aber, wenn man von einem RAP-Amplitudenanstieg unter Piracetam (Handelsname „Normabraïn") auf eine selektive, günstige corticale Wirksamkeit schließt und dabei einen Zusammenhang zu einigen Lernmodellen herstellt (Giurgea et al., 1972).

Faßt man die Medikamenteneinflüsse im neurologischen Fachgebiet zusammen, so führen die verwandten Pharmaka in therapeutischen Dosen zu keinen signifikanten SRAP-Veränderungen. Trotzdem sollte man nach Möglichkeit alle zur Gruppe der Neuroleptica, Stimulantien, Tranquilizer, Antidepressiva, Morphinderivate und Sedativa gehörenden Medikamente vor der elektrosensiblen Untersuchung absetzen. Es versteht sich, daß diese Forderung für die Anticonvulsiva in der Regel nicht durchführbar ist.

In der letzten Zeit werden zunehmend auch im deutschen Sprachraum zur Minderung der Schmerzempfindung *transcutane Nervenstimulationen* oder gar Hinterstrangreizungen mit subcutanen implantierten batteriegespeisten Reizgeräten angewandt (Thoden u. Krainick, 1974). Zur Frage der klinischen Indikation und ihrer Wirksamkeit in der Schmerzbehandlung soll hier nicht Stellung genommen werden. Satran und Goldstein (1973) beschreiben aber nach Daumenendgliedreizung und SRAP-Vergleich vor und nach „Vibrationsstimuli" für die ersten 15 min nach einminütiger 50 Hz-Reizung einen SRAP-Verlust, und sie wollen darin einen Hinweis für die Wirksamkeit des Reizgerätes sehen. Eigene Kontrolluntersuchungen bei drei Versuchspersonen zeigten in keinem Falle eine signifikante SRAP-Veränderung.

Der Einfluß der *Umgebungstemperatur* und damit der *Hauttemperatur* ist für die Beurteilung der SRAP-Latenzen (besonders das erste biphasische Potential) dann von Bedeutung, wenn distale Extremitätenregionen (z.B. Finger oder Zehen) gereizt werden. Hier besteht zweifellos eine Beziehung zwischen der Hauttemperatur und der peripheren afferenten NLG; unter Berücksichtigung der großen interindividuellen Schwankungen für die sensible NLG (s. Tabelle 4) und den primären SRAP-Anteil darf dieser Einfluß im Hinblick auf die klinische Anwendung dann vernachlässigt werden, wenn die Fingerhauttemperatur mindestens 33–34°C beträgt und die Raumtemperatur über 20°C ist.

34

d) Individuelle Einflüsse

Hinweise für einen hereditären Faktor fanden Lewis et al. (1972) bei Untersuchungen mit optischen, akustischen und somatosensorischen RAP an eineiigen und zweieiigen Zwillingen und an nicht verwandten Untersuchungsgruppen. Dabei war die hereditäre Komponente mit charakteristischen Wellenformen bei den somatosensorischen RAP noch am geringsten erkennbar.

Die dominante Hemisphäre bzw. die Händigkeit scheint zumindest bei Erwachsenen auf die SRAP-Ausprägung keinen signifikanten Einfluß zu haben (Cernacek et al., 1971; Calmes u. Cracco, 1971; Tamura, 1972; Feinsod et al., 1973; Tsumoto et al., 1973). Ebenso konnten eigene Untersuchungen die von einzelnen Autoren vermuteten Geschlechtsdifferenzen (Shagass et al., 1972) oder Beziehungen zwischen SRAP-Ausprägungsgrad und *EEG-Grundrhythmustyp* nicht bestätigen (Levonian, 1966; Galin et al., 1975).

Eine Korrelation zwischen dem *Intelligenzquotienten* und den RAP-Charakteristika, wie es Callaway (1973) bei akustischen und Chalke et al. (1965) bei optischen RAP beschreiben, möchten wir zumindest für die somatosensorischen RAP bezweifeln, obgleich eigene Untersuchungen dazu nicht vorliegen. Daß sich allerdings bei hirnatrophischen Prozessen pathologische RAP nachweisen lassen, soll in Kapitel VI besprochen werden. Es versteht sich, daß dies mit RAP-Veränderungen bei differierenden Intelligenzquotienten von Normalpersonen nichts zu tun hat.

Im Vordergrund der individuellen SRAP-Einflüsse bei Normalpersonen stehen Körpergröße und Alter. Die *Körpergröße* nimmt offenbar nur insofern Einfluß auf die SRAP-Ausprägung, als die Latenzen, insbesondere der ersten Spitzen, streng zur Entfernung zwischen Reiz- und Ableiteort korrelieren (s. Abb. 8). Die daraus errechenbare Leitungsgeschwindigkeit wird im folgenden Abschnitt im Rahmen der sensiblen NLG besprochen. Für die einzelnen SRAP-Beurteilungen in der klinischen Anwendung haben sich die vorliegenden Ergebnisse, einschließlich der Standardabweichungen, als ausreichend erwiesen, wenn sie ausschließlich für Erwachsene benutzt und extreme Körpergrößen nach unten oder oben latenzmäßig entsprechend korrigiert werden.

Hinsichtlich der *Bedeutung des Lebensalters* für die SRAP-Latenzen fanden einzelne Untersuchergruppen eine signifikante Latenzzunahme im höheren Lebensalter (Shagass u. Schwartz, 1965, 1966; Schenkenberg et al., 1971); andere Autoren konnten dagegen nach Medianusreizung zumindest für die erste SRAP-Spitze keine altersabhängige Latenzverzögerung nachweisen (Lüders, 1970; Tamura et al., 1972). Insgesamt sprechen die verläßlicher erscheinenden Untersuchungen für eine Abnahme der Leitungsgeschwindigkeiten im höheren Alter und demzufolge für eine Latenzzunahme der primären SRAP-Anteile. Dies zeigt sich auch in der überwiegenden Zahl der sensiblen NLG-Bestimmungen bei verschiedenen Altersgruppen (s. Tabelle 4), und bestätigt die Vermutung, daß es mit zunehmendem Alter zu einer Abnahme der Nervenfasern und einer progredienten Myelinscheidenschädigung kommt (Hopf, 1974). Daß die Tatsache des Alterseinflusses überhaupt umstritten ist, liegt an der Schwierigkeit einer exakten manuellen SRAP-Latenzbestimmung, an der großen interindividuellen normalen Schwankungsbreite für die Leitungsgeschwindigkeiten im afferenten System und an der ausschließlichen Verwendung der Nervenstammreizung. Die deutlichste Altersabhängigkeit zeigt sich nämlich gerade im Bereich der distalen Extremitätenabschnitte (Mayer, 1963).

Zur *frühkindlichen RAP-Entwicklung* soll nur bemerkt werden, daß die SRAP bei der Geburt wohl nachweisbar, aber inkonstant sind und sie die Kriterien des Erwachsenen-SRAP erst mehrere Wochen post partum entwickeln (Blair, 1971; Laget et al., 1973a, b; Hallecourt et al., 1974). Zwischen dem Konzeptionsalter und den Latenzwerten scheint eine Korrelation zu bestehen (Ellingson, 1968), und bei Neugeborenen konnte Desmedt (1971) über dem Fußfeld im Vergleich zum Handfeld deutlich schlechter ausgeprägte RAP nachweisen. Die Variabilität der späten RAP-Anteile nimmt mit zunehmendem Alter ab (Callaway u. Halliday, 1973). Es ist aber noch nicht exakt nachgewiesen, daß ab dem fünften Lebensjahr die SRAP-Werte der Erwachsenen vorzufinden sind, wie dies für die sensible NLG gilt (Mortier, 1971a, b; Tackmann, 1975).

3. Leitgeschwindigkeit im afferenten System

Will man bei der elektrosensiblen Untersuchung eines Patienten eine abschließende SRAP-Beurteilung vornehmen, so hat man nicht nur auf die beschriebenen Normalwerte (Tabellen 1 und 2) und die dargelegten krankheitsabhängigen Faktoren der SRAP-Beeinflussung (s. Tabelle 3) zu achten. Man muß sich, insbesondere bei einer lokalisationsdiagnostischen Aussage im afferenten System auch über die Leitungsfunktion der peripheren sensiblen Nervenfaseranteile im klaren sein.

Die vorliegenden, altersmäßig gestaffelten Untersuchungsergebnisse entstammen der Großzehen- und Mittelfingerreizung, den beschriebenen Ableite- bzw. Reizpunkten am N. medianus, N. tibialis, N. fibularis, dem radiculären lumbosacralen Bereich und dem jeweiligen kontralateralen Fuß- und Handfeld. N. medianus und N. tibialis wurden wegen der relativ gut erfaßbaren sensiblen NAP ausgewählt; ihre sensiblen NLG-Werte lassen sich aber auch auf die übrigen Extremitätennerven beziehen (Mayer, 1963; Buchthal u. Rosenfalck, 1966; Behse u. Buchthal, 1971).

a) Sensible Nervenleitgeschwindigkeit (sensible NLG)

Unsere in der Tabelle 4 altersmäßig gestaffelten sensiblen Leitgeschwindigkeitswerte, die pro Altersgruppe von 10–15 Normalpersonen stammen, korrelieren gut mit den Ergebnissen anderer Autoren. Nur für die Ableitestrecke zwischen N. tibialis im Bereich der Poplitea und der Cauda spinalis liegen keine Vergleichswerte vor.

Die Zahl der NLG-Bestimmungen für die Strecke N. fibularis (Fibulakopf) – LP-Ableitepunkt ist noch zu gering, um schon hier erwähnt zu werden.

Bei dem *Vergleich der NLG-Werte der einzelnen Nervenabschnitte* zeigt sich, daß die distalen Strecken in der Hand und im Fuß etwa 10 m/sec langsamer leiten als die nachfolgenden, proximaler gelegenen Nervenstämme. Demgegenüber ist nur noch eine geringe weitere NLG-Zunahme in den am proximalsten gelegenen Nervensegmenten (Oberarm- bzw. Oberschenkel-Bereich) nachzuweisen.

Die Unterschiede der NLG-Werte der einzelnen Autoren lassen sich allein durch Fehlermöglichkeiten bei der Distanzmessung und unterschiedlichen Latenzmessungen bis zur ersten positiven Spitze vom Stimulusbeginn, bzw. erst vom Reizartefakt aus, hinreichend erklären. Die um ca. 10 m/sec langsamere Leitung der afferenten Fasern der unteren

Tabelle 4. Sensible NLG-Werte von N. medianus und N. tibialis von Normalpersonen verschiedener Altersgruppen

Autoren	Alter	Nervus medianus			Nervus tibialis		
		Finger-Handg.	Handg.-Ellenb.	Ellenb.-Axilla	Hallux-Mal.	Mal.-Popl.	Popl.-Cauda spin.
Mayer (1963)	10−35 Jahre	67,5 ± 4,7	67,7 ± 4,4	70,4 ± 4,8		56,9 ± 4,4	
	36−50 Jahre	65,8 ± 5,7	65,8 ± 3,1	70,4 ± 3,4		49,0 ± 3,8	
	51−80 Jahre	59,4 ± 4,9	62,8 ± 5,4	66,2 ± 3,6		48,9 ± 2,6	
Bergamini et al. (1965)			69,9 ± 3,6	72,1 ± 3,6			
Buchthal u. Rosenfalck (1966)	18−25 Jahre	56,1 ± 4,3	64,8 ± 5,2	68,7 ± 7,2	41,8 ± 6,5	53,9 ± 3,2	(62,3 ± 5,1
	40−61 Jahre	53,6 ± 5,0	55,5 ± 2,6	67,6 ± 10,2			Poplitea-Gesäß)
	70−88 Jahre	50,8 ± 2,3	53,5 ± 4,7	60,9 ± 7,8			
Behse et al. (1971)	15−30 Jahre				46,1 ± 3,5	56,4[a] ± 4,0	
	40−65 Jahre				43,4 ± 3,8	(54,0[a] b 4,4)	
Mortier (1971)	5−14 Jahre	56,8 ± 7,5	63,0 ± 10,0		39,5 ± 3,8	55,4 ± 8,3	
Caruso et al. (1973)	10−28 Jahre	53,8 ± 7,2	63,9 ± 3,4				
	30−59 Jahre	51,1 ± 6,4	61,0 ± 3,9				
	61−82 Jahre	47,1 ± 6,1	58,3 ± 5,3				
Jörg (unveröffentlicht)	16−26 Jahre	51,5 ± 1,8	63,1 ± 1,2		38,1 ± 2,1	54,0[a] ± 1,1	
	32−58 Jahre	47,1 ± 2,6	57,4 ± 2,2		36,9 ± 1,3	51,3[a] ± 1,5	61,9[a] ± 1,3
	61−89 Jahre	45,9 ± 1,3	55,2 ± 1,4		33,5 ± 1,3	47,3[a] ± 2,1	56,0[a] ± 1,7

[a] gemischte Nervenstammreizung und -ableitung.

Extremitäten im Vergleich zu den oberen sind demgegenüber nicht methodisch oder durch Unterhauttemperaturdifferenzen zu erklären, sondern haben ihre Ursache in der geringeren Markscheidendicke (Mayer, 1963). Die gleiche Genese wird für die zunehmende sensible NLG von distal nach proximal hin vermutet (Lahoda et al., 1973).

Die übereinstimmend nachgewiesene *Alterabhängigkeit* der sensiblen NLG beträgt nach Behse und Buchthal (1971) 1 m/sec Abnahme in jeweils einer Lebensdekade. Ursächlich sind altersabhängig zunehmende Demyelinisationen und Myelinirregularitäten anzunehmen (Caruso et al., 1973). Nur für die Strecke zwischen Poplitea und Cauda spinalis ist wegen der geringeren Zahl von Normalpersonen (jeweils acht) noch keine sichere Aussage zur Altersabhängigkeit möglich, wenn auch die bereits vorliegenden Befunde eine NLG-Abnahme mit zunehmendem Alter aufweisen. Mit dem Auftreten von Erwachsenenwerten der NLG kann ab dem fünften Lebensjahr gerechnet werden (Mortier, 1971b; Tackmann, 1975).

Die sensiblen NLG-Werte an den unteren Extremitäten sind mit Ausnahme der Strecke Großzehe — Malleolus medialis durch *gemischte direkte Nervenstammreizung* bestimmt worden, obwohl in allen Fällen auch eine Ableitung am N. tibialis im Kniekehlenbereich nach Großzehenreizung erfolgte. Im strengen Sinne ist daher von einer NLG-Bestimmung des gemischten Nerven zu sprechen, wie dies in Übereinstimmung mit uns auch Behse und Buchthal (1971) getan haben. Die direkte Nervenstammreizung erfolgte deshalb, weil bei Hautreizung die Amplitude des Nervenaktionspotentials (NAP) durch den großen Abstand zwischen Reiz- und Ableiteort beim Erwachsenen zunehmend niedriger wird und die erste positive Spitze aufgrund der zeitlichen Dispersion, bzw. Desynchronisierung, nicht immer leicht zu bestimmen ist. Diese Tatsache macht sich besonders an den unteren Extremitäten von Erwachsenen stark bemerkbar. Insofern können die in der Abb. 12 dargestellten normalen NAP der einzelnen Ableitestellen nur als ein gutes Musterbeispiel insbesondere für den Poplitea-Ableitepunkt nach Großzehenreizung angesehen werden.

Hinsichtlich der Reizantwort ist zu differenzieren, ob man Hautreizung, Nervenstammreizung unterhalb der motorischen Schwelle oder supramaximale Nervenstammreizung vornimmt. Bei der direkten Hautreizung (Großzehe und Mittelfinger) werden mit dem sensiblen NAP die raschen cutanen Afferenzen erfaßt; Hopf (1974) vermutet nur die Druck- und raschen Schmerz-Fasern. Nervenstammreizung unter der motorischen Schwelle führt zusätzlich noch zu einer Reizung der Proprioceptor-Afferenzen (besonders Muskelafferenzen) (Ball et al., 1971). Bei Reizung oberhalb der motorischen Schwelle kommen zu dem NAP noch die antidromen Impulse der motorischen Nervenfasern hinzu.

Die supramaximale Reizung mit Einschluß der motorischen Fasern führt bei Normalpersonen nicht zu einer Verfälschung der maximalen sensiblen NLG-Werte (Mayer, 1963), da die afferenten Fasern an den oberen und unteren Extremitäten eine schnellere Impulsleitung haben. Behse und Buchthal (1971) fanden an den unteren Extremitäten einen Unterschied von 3–6 m/sec. Für die durch *Lumbalpunktion abgeleiteten NLG-Werte* muß einschränkend bedacht werden, daß verständlicherweise keine „gesunden Patienten" punktiert werden. Als Normalpersonen wurden in diesen Fällen z.B. auch Patienten mit Encephalomyelitis disseminata oder einer cerebral lokalisierten Erkrankung angesehen.

Die Tatsache, daß das gesamte NAP Fasern einer Leitgeschwindigkeit von 70–20 m/sec umfaßt (Rosenfalck, 1971), soll jetzt nicht interessieren, darauf wird bei der Frage der

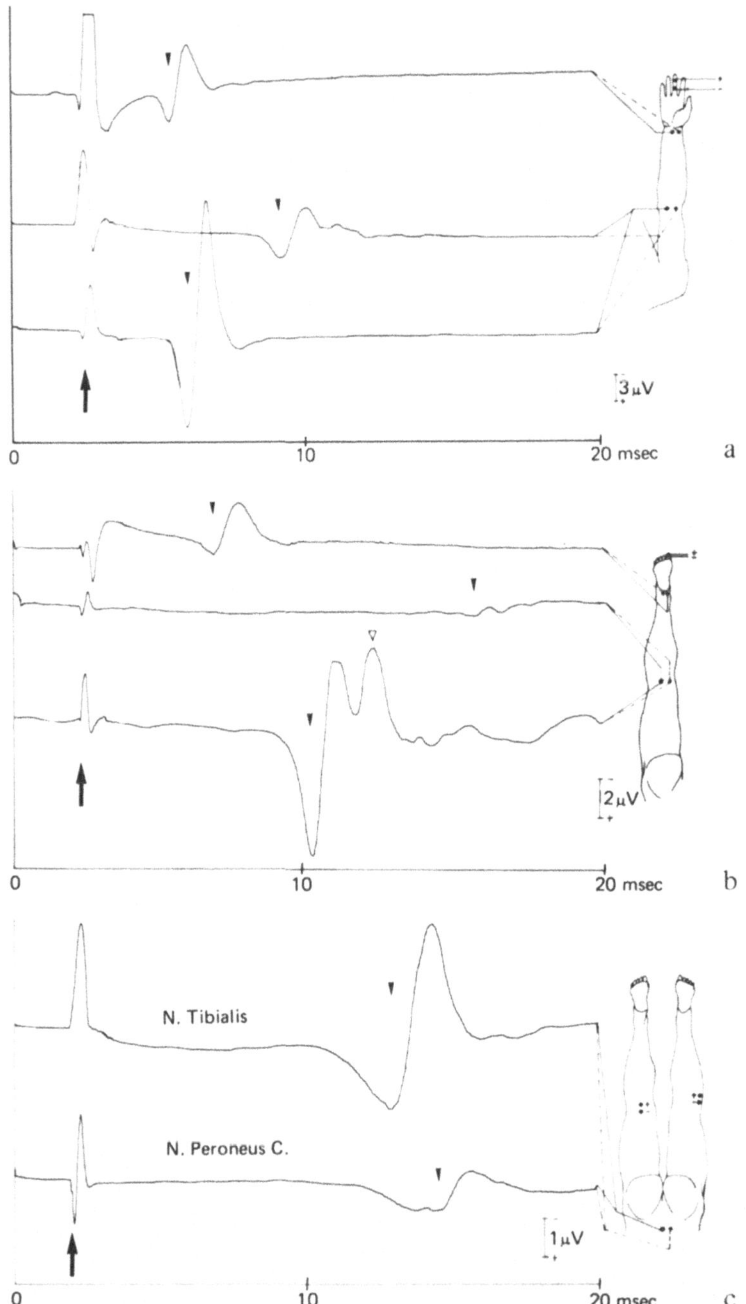

Abb. 12 a—c. Sensible bzw. gemischte Nervenaktionspotentiale einer 30jährigen Versuchsperson: (a) Sensibles NAP nach Mittelfingerreizung und Ableitung am N. medianus vom Handgelenk bzw. Ellenbogen. Gemischtes NAP nach Medianusnervenstammreizung am Handgelenk. (b) Sensibles NAP des N. tibialis nach Großzehenreizung und Ableitung am Malleolus medialis bzw. in der Poplitea. Gemischtes NAP nach Tibialisnervenstammreizung am Sprunggelenk und Popliteaableitung. Der gelegentlich zu erhaltende zweite negative Gipfel tritt erst nach Reizung auch der motorischen Nervenanteile auf. (c) Gemischtes NAP nach LP-Ableitung von der Cauda spinalis und Reizung des N. tibialis bzw. N. fibularis

Zugehörigkeit bestimmter Nervenfasern zu den einzelnen SRAP-Komponenten näher eingegangen. Zu beachten ist aber bei der Bestimmung der Refraktärzeiten der einzelnen SRAP-Komponenten, daß die relative *Refraktärzeit des peripheren Nerven* bei 350 Hz und die absolute bei 700 Hz erreicht wird. Eine Beeinträchtigung ist daher bei unserer SRAP-Untersuchung mit Doppelreizen oder Trains verschiedener Frequenz nicht zu erwarten, da hierbei 100 Hz nie überschritten werden (s. Kapitel VI).

b) Sensible Leitungsgeschwindigkeit der spinocerebralen Bahnen

Im Gegensatz zur Bestimmung der Nervenleitgeschwindigkeit haben sich nur wenige Untersucher mit der Leitungsgeschwindigkeit der sensiblen Bahnen des Rückenmarks und Cerebrums befaßt. Wegen der schwierigen technischen Bedingungen, den großen Fehlermöglichkeiten und der unterschiedlichen Methodik zeigen die angegebenen Werte keine einheitliche Tendenz.

Arbeitsgruppen um Desmedt (1971, 1973) und Shimoji (1971, 1973) fanden im Vergleich zur peripheren sensiblen NLG eine langsamere zentrale Leitungsgeschwindigkeit. Shimoji et al. bestimmten nach N. tibialis-Stammreizung und epiduraler Ableitetechnik die afferente spinale Leitung mit 57 m/sec; Desmedt et al. errechneten nach Medianus-Reizung unter Zugrundelegung einer Synapsenzeit von 1,5 msec (drei Synapsen) für die sogenannte lemniscale und thalamocorticale Bahn eine Geschwindigkeit von 42 m/sec, während die sensible NLG des Medianus bei 60 m/sec lag.

Demgegenüber fand Cracco (1973) nach Fibularis- bzw. Medianus-Reizung und Oberflächenableitung über der Wirbelsäule eine Leitungsgeschwindigkeit von 62—70 m/sec für die Strecke lumbal bis cervical. Er untersuchte allerdings Kinder über vier Jahre, summierte 1024—8192 spinale Potentiale auf und wies zu Recht wegen der niedrigen Potentiale besonders bei Erwachsenen auf den begrenzten Wert der Methode hin. Mortillaro und Esser (1974a, b) errechneten für die Leitung von C 7 nach C 3 eine Geschwindigkeit von 100 m/sec; die Höhe der spinalen Potentiale über der Halswirbelsäule, welche sie nach Medianus-Reizung und Oberflächenableitung nachweisen konnten, betrug etwa 2,5 μV.

Rechnet man die vorliegenden sensiblen NLG-Werte (s. Tabelle 4) überschlagsmäßig bis zum Rückenmarkseintritt auf und vergleicht man diese mit den in der Tabelle 1 erwähnten C 8- und L 5-Werten, so kommt man auf eine *spinale Leitungsgeschwindigkeit* von 80—100 m/sec, wie sie in dieser Größenordnung auch von Mortillaro und Esser angenommen wird.

Demgegenüber scheint die *sensible Leitung im Hirnstamm und thalamocorticalen Bereich* unter 30 m/sec zu liegen. Auch Noel (1975) vermutet eine deutliche Leitungsverzögerung in den zentralen cerebralen Abschnitten. Ervin et al. (1964) konnten durch direkte Thalamusableitungen die thalamocorticale Leitungsgeschwindigkeit mit 10 m/sec bestimmen.

Ob die Bestimmung der spinalen afferenten Leitungsgeschwindigkeit einmal klinischen Wert erlangen wird, kann zum jetzigen Zeitpunkt noch nicht gesagt werden. Die Gewinnung von spinalen Potentialen mit Hilfe der *HWS-Oberflächenableitung* erscheint uns aufgrund eigener Erfahrungen schon aus methodischen Gründen (Nervenstammreizung, hohe Aufsummierungszahl, Artefakte) und wegen der Inkonstanz der Potentiale bei Erwachsenen sehr problematisch. Darauf soll in Kapitel VI noch eingegangen werden.

40

Erste Ableitungsergebnisse von der mit Teflon isolierten Suboccipitalnadel und N. tibialis-Stammreizung in der Kniekehle haben unsere Hoffnung nicht bestätigt, mit dieser Technik genauere spinale Leitungswerte für die afferenten Bahnen bestimmen zu können.

Intraoperative Ableitungen aus dem Tractus spinothalamicus im Rahmen der Chordotomie sind geplant und sollen neben einer Klärung der afferenten spinalen Leitungsgeschwindigkeit besonders zur Frage der SRAP-Ätiologie und der Beteiligung der beiden spinalen sensiblen Leitungssysteme weitere Hinweise geben.

4. Ätiologie und funktionelle Bedeutung der SRAP

Die Frage, welche Bahnsysteme im gesunden Rückenmark mit der elektrischen inadäquaten Reizung erfaßt werden, und ob die einzelnen SRAP-Komponenten bestimmten Sensibilitätsqualitäten und demzufolge spezifischen Nervenfasern zuzuordnen sind, ist hart umstritten, und es soll versucht werden, dazu im zweiten und dritten Abschnitt nach Darstellung der SRAP-Befunde nach adäquater Reizung eine Antwort zu geben. Daß dabei schon Ergebnisse von Patienten mit spezifischen Sensibilitätsstörungen vorweggenommen werden, erscheint uns notwendig, um so abschließend auch einige Aussagen über die funktionelle Bedeutung der SRAP und Definitionen zur pathologischen Wertigkeit machen zu können.

a) SRAP nach adäquater und inadäquater Reizung

An insgesamt 20 Versuchspersonen wurden bei C 7 bzw. C 8 sowohl nach inadäquaten elektrischen als auch nach Druck-, Schmerz-, Kalt- und Warm-Reizen kontralateral corticale Reizantwortpotentiale abgeleitet. Zur verwandten Reiztechnik sei hier nur erwähnt, daß ein *Mechanostimulator* der Firma Hellige (Einzelheiten u.a. bei Burchard et al., 1967) benutzt wurde, der nach dem Prinzip eines dynamischen Lautsprechers arbeitet. Druckreize erfolgten mit einem Plastikzylinder, der eine Auflagefläche von 7 mm² besitzt. Für die Schmerzreizung wurde am Mechanostimulator eine spitze Stahlnadel angebracht; zur Erzeugung von Warm- bzw. Kalt-Reizen diente als Reizgeber ein Reagenzglas, welches am Mechanostimulator fixiert wurde und während des Versuches dauernd mit heißem Wasser bzw. Eisstückchen nachgefüllt wurde. Weitere Einzelheiten der Reiztechnik sind der Arbeit von Baust et al. (1974) zu entnehmen; auf die Methodik anderer Autoren soll hier nicht eingegangen werden.

Die Patienten empfanden bei der mechanischen ebenso wie bei der elektrischen Reizung leichtes bis starkes Klopfen. Die Reizung mit der spitzen Nadel rief Schmerzempfinden hervor. Bei der Kalt-Warm-Reizung wurde zur Geringhaltung der Adaptation in den Reizpausen der Reizort auf der Haut immer etwas verlagert. Es versteht sich aus methodischen Gründen, daß die Temperaturreizung zwangsläufig auch Druckreize hervorruft.

Bei den *vier verschiedenen adäquaten Reizarten* (Druck, Schmerz, kalt, warm) zeigten sich bei allen Versuchspersonen in der Form vergleichbare SRAP, wie sie von der elektrischen Reizung der entsprechenden Segmente her bekannt sind. Überwiegend fanden sich drei Minima und Maxima, wobei nur die Amplituden der SRAP nach Schmerzreizung geringere Ausprägung zeigten (Abb. 13).

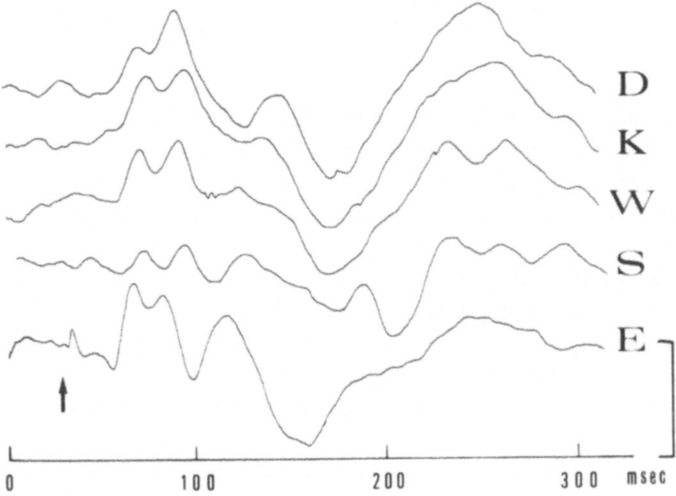

Abb. 13. Corticale Reizantwortpotentiale nach verschiedenen Reizungen an ein und derselben Versuchsperson im Segment C 8. In allen Fällen Mittelung von 1024 Einzelreizen, Reizmarkierung durch den Pfeil, Amplitudeneichung = 5 μV (bezogen auf ein Einzelpotential). D = Druck; K = Kalt; W = Warm; S = Schmerz; E = Elektrisch. (Nach Baust et al., 1974)

Bei Druck- und Temperaturreizung waren die SRAP-Latenzen um etwa 7 msec gegenüber dem elektrisch ausgelösten Potential verzögert. Die Maxima-Latenzen wiesen nach Schmerzreizung eine Latenzverzögerung von ca. 9 msec auf. Nach Korrektur der methodisch bedingten Latenzdifferenzen blieb noch eine Verzögerung der mechanischen Reizantwort gegenüber den elektrisch ausgelösten SRAP von 2–3 msec bestehen. Der gefundene Latenzunterschied von Druck- und Schmerzreizung ist rein apparativ zu erklären. Bei Berechnung der bereinigten Latenzunterschiede mittels t-Test für verbundene Stichproben und zweiseitiger Testung ergab sich keine signifikante Latenzdifferenz für die SRAP nach Druck-, Temperatur- und elektrischer Reizung. Dies besagt aber, daß die SRAP hinsichtlich ihrer Amplituden und Latenzen *keine charakteristischen Unterschiede bei verschiedenen spezifischen Reizungen* aufweisen, und daß es nicht möglich ist, einzelne SRAP-Komponenten bestimmten sensiblen Qualitäten zuzuordnen.

Die gefundene, nicht-signifikante Latenzdifferenz von 2–3 msec zwischen elektrischen und mechanischen Druckreizen haben in ähnlicher Größenordnung auch Meyjes (1969, 1970), Larsson und Prevek (1970) und eine Arbeitsgruppe um Nakanishi (1973 a, b, 1974) beschrieben. Als Ursache dieses Latenzunterschiedes ist zu vermuten, daß die elektrische Reizung überwiegend intracutane Nerven direkt erregt, während der adäquate Stimulus über die Receptoren weitergeleitet wird. Bekanntlich kann ja der adäquate Reiz den spezifischen Receptor mit einem Minimum an Energie zur Erregung bringen. Die Zeit vom Reizbeginn bis zur Erregung des Receptors wäre, wie auch von Nakanishi et al. (1973) angenommen wird, durchaus mit den gefundenen Latenzunterschieden vereinbar. Zusätzliche Erklärungsversuche mit den differenten maximalen Leitungsgeschwindigkeiten bei unterschiedlicher Reizqualität erscheinen weder notwendig noch berechtigt.

Die vorliegenden, von zahlreichen Autoren bestätigten Ergebnisse der SRAP nach elektrischer und adäquater Reizung lassen den Schluß zu, daß die unphysiologische elek-

42

trische Reizung zentral einen vergleichbaren Impulsstrom hervorruft. Des weiteren besteht kein Anlaß, einzelne SRAP-Komponenten spezifischen sensiblen Qualitäten bzw. unterschiedlich schnell leitenden Nervenfasern zuzuordnen. Die Annahme von Vatter (1967), daß die späteren SRAP-Anteile ätiologisch mit den langsamer leitenden Nervenfasern in Zusammenhang stehen, läßt sich auch deshalb ausschließen, weil bei dem Vergleich der drei Maxima-Latenzen von C 4, C 8, D 10 und L 5 trotz ganz unterschiedlicher Reiz-Ableiteort-Entfernungen keine entsprechenden Maxima-Verschiebungen auftreten (s. dazu Tabelle 1).

Zusammenfassend kann also festgestellt werden, daß die elektrische Reizung von Hautarealen zur Überprüfung des erregungsleitenden afferenten Nervensystems ausreichend ist und einer spezifischen adäquaten Sensibilitätsreizung gleichwertige SRAP-Befunde liefert. Dieser Umstand erlaubt die Schlußfolgerung, daß das somatosensorische Reizantwortpotential kein neurophysiologisches Korrelat einer spezifischen sensiblen Empfindung darstellt.

Die früher von uns geäußerte Vermutung, daß eine adäquate Reizung von epikritisch oder protopathisch gestörten Hautarealen keine weiteren diagnostischen Erkenntnisse liefern dürfte, wenn die SRAP nach elektrischer und mechanischer Reizung gleichwertig sind (Baust et al., 1974), ist von Nakanishi et al. (1974) bei Patienten mit peripher neurogenen und spinalen Erkrankungen objektiviert worden. Diese Autoren haben besonders auch auf die in gleicher Weise pathologisch veränderten bis fehlenden SRAP nach Reizung von Hautgebieten mit dissoziierter Sensibilitätsstörung für Schmerz und Temperatur hingewiesen und den Schluß gezogen, daß die elektrisch oder mechanisch ausgelösten Nervenimpulse auch über den ventrolateralen bzw. spinothalamischen Tractus laufen.

b) SRAP-Befunde, Sensibilitätsstörungen und Läsionen im afferenten System des Rückenmarks

In der Literatur sind die Meinungen geteilt, wenn es um die Korrelation zwischen bestimmten Sensibilitätsstörungen und spezifischen SRAP-Befunden sowie die entsprechende Zuordnung der einzelnen SRAP-Komponenten zu bestimmten afferenten Bahnen geht. Die eine Autorengruppe (Giblin, 1960, 1964; Halliday u. Wakefield, 1963; Halliday, 1963, 1967a; Desmedt u. Noel, 1973) ist aufgrund von SRAP-Befunden nach Nervenstamm- bzw. seltener auch Finger-Reizung der Auffassung, daß sowohl die frühen wie auch die späten Komponenten nur von der Integrität und Funktionsfähigkeit der Hinterstränge abhängen. Diese Annahme gründen sie auf die fehlenden SRAP-Veränderungen bei Patienten mit reinen dissoziierten Sensibilitätsstörungen für Schmerz und Temperatur (Syringomyelie, Brown-Sequard-Syndrome verschiedener Ätiologien, Wallenberg-Syndrom, vasculäre spinale Läsionen, Hirnstammangiome, Hämatomyelie, Arachnoiditis). Genaue Amplituden- und Latenzbestimmungen haben allerdings nur Desmedt und Noel durchgeführt. Demgegenüber fanden schon 1958 Alajouanine et al. bei einseitigen Affektionen des Tractus spinothalamicus auf der Seite der Schädigung wesentlich kleinere SRAP-Amplituden, und sie nahmen dies als Hinweis dafür, daß elektrisch ausgelöste Impulse sowohl über die Hinterstränge wie auch über die Vorderseitenbahnen geleitet werden. Miyoshi et al. (1971) sahen bei Schmerz- und Temperatursinn-Störungen besonders die späten SRAP-Anteile alteriert, und sie erklärten dies mit der langsameren Leitungsgeschwindigkeit der spinothalamischen Bahnen.

Baust et al. haben 1974 zur Klärung der *Frage einer etwaigen Korrelation zwischen SRAP-Befunden und Sensibilitätsstörung* die SRAP von 146 Segmenten untersucht; in 67 Hautsegmenten bestand eine dissoziierte, in 79 Dermatomen eine epikritische Sensibilitätsstörung. Epikritisch gestörte Hautsegmente wiesen in keinem Falle normale SRAP auf. Bei Schmerz- und Temperatursinn-Störungen waren nur sechs Segmente mit ihren SRAP ungestört, der Anteil der völlig fehlenden SRAP war allerdings deutlich geringer als bei Hinterstrangstörungen.

Die Amplituden waren bei Sensibilitätsstörungen mit dem Betroffensein aller Qualitäten am stärksten reduziert; im Einzelfall darf aber niemals aus der Amplitudenform auf die Art der Sensibilitätsstörung geschlossen werden. Dies zeigen auch die SRAP der Abb. 14, auf welcher von dem gleichen Patienten ein Vergleich zwischen einer Potentialveränderung bei dissoziierter Sensibilitätsstörung und einem pathologischen Potential bei einer späteren Störung für alle Qualitäten in der gleichen Hautregion dargestellt ist.

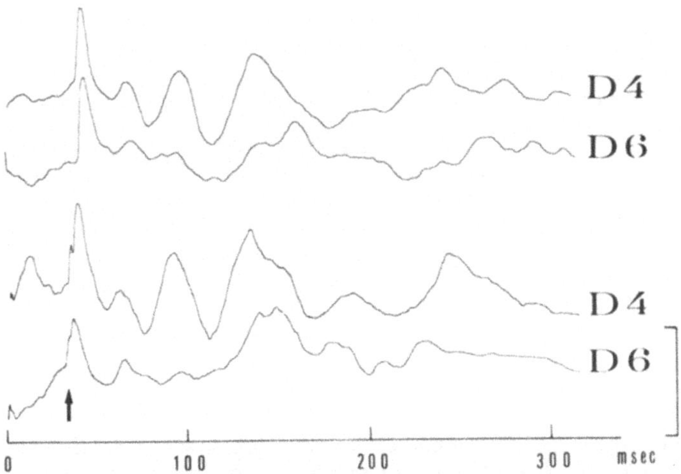

Abb. 14. Corticale RAP bei einem 44jährigen Patienten mit einer spastischen Paraparese und einem sensiblen Querschnitt zwischen D 4 und D 6 bei Verdacht auf intraspinalen Tumor. *Obere Ableitung:* Bei D 4 klinisch intakte Sensibilität; Störung für alle Qualitäten bei D 6. *Untere Ableitung:* (Kontrolluntersuchung drei Monate später). Klinisch bestand im Segment D 6 jetzt eine typische dissoziierte Sensibilitätsstörung. Das SRAP bei D 6 ist unverändert pathologisch, lediglich die Maximum III-Amplitude ist größer. (Nach Baust et al., 1974)

Latenzverschiebungen über den Zwei-Sigma-Bereich der normalen Latenzen hinaus betrafen unabhängig von der Art der Sensibilitätsstörungen besonders häufig die Maxima I und III, während das Maximum II weniger deutlich verzögert war. Aber auch aus dem Verhalten der Latenzen lassen sich ebenso wie aus den Amplituden keinerlei Rückschlüsse auf die Art der Sensibilitätsstörung ziehen. Dies weisen auch die graphisch dargestellten Latenzwerte für L 3 bei ungestörten, protopathisch und epikritisch gestörten Hautregionen aus (s. Abb. 15).

Es bleibt unklar, warum die *Maximum II-Latenzen* unabhängig von der Art der Sensibilitätsstörung am wenigsten zunehmen. Ein Zusammenhang mit der unterschiedlichen

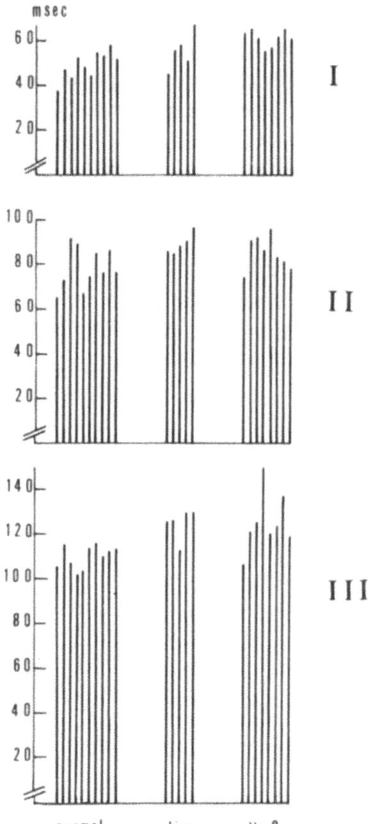

Abb. 15. Latenzen der drei Maxima (I, II, III) der SRAP nach Reizung im Segment L 3. Verglichen werden die Werte bei intakter Sensibilität (= normal), bei dissoziierter Sensibilitätsstörung (= diss.) und bei Störung der Empfindung für alle Qualitäten (= alle Q.). Die Latenzen sind besonders bei Maximum I und III verzögert, ohne daß dies ein konstanter Befund ist. Unterschiede für SRAP-Latenzen bei dissoziierter Sensibilitätsstörung und Störung für alle Qualitäten sind nicht erkennbar. (Nach Baust et al., 1974)

Leitungsgeschwindigkeit der einzelnen Rückenmarksbahnen ist alleine schon bei Berücksichtigung der verschiedenen Abstände von Reiz- und Ableite-Ort für die einzelnen Segmente nicht anzunehmen. Auch müßte bei einer Abhängigkeit bestimmter SRAP-Anteile von der Leitungsgeschwindigkeit spezifischer afferenter Bahnen zu erwarten sein, daß dann spezifische Läsionen im afferenten System mit ganz spezifischen SRAP-Veränderungen einhergehen. Dies ist aber nicht der Fall. Daß epikritische Störungen in der Regel stärkere SRAP-Alterationen hervorrufen als spinothalamische Läsionen, ist mit dem quantitativ unterschiedlichen Gehalt an mechanosensiblen Fasern ausreichend erklärt. Die berührungsleitenden Fasern sind daher, wenn nicht allein,, so doch zum wesentlichen Teil, an der Bildung aller SRAP-Komponenten beteiligt. Sicher ausgeschlossen ist die Beteiligung der langsamer leitenden Schmerz- und Temperatur-Bahnen an der SRAP-Bildung allerdings bis heute nicht. Es ist zu hoffen, daß zur Klärung dieser Frage die geplanten direkten Ableitungen aus dem Tractus spinothalamicus im Rahmen einer Chordotomie weiterhelfen werden.

SRAP-Veränderungen zeigen sich nun aber nicht nur bei einer Minderung oder einem Ausfall einer oder mehrerer Sensibilitätsfunktionen, sondern werden auch bei *Reizung hyperaesthetischer Dermatome* gefunden. Die naheliegende Vermutung, daß die SRAP Amplitudenerhöhungen über das normale interindividuelle Maß hinaus aufweisen, hat sich in keinem Fall bestätigen lassen. Pathologische Amplitudenerhöhungen waren nur bei bestimmten Epilepsieformen nachzuweisen (s. Kapitel VI.3), nie aber nach Reizung hyperaesthetischer Bezirke.

Aus der Art der SRAP-Veränderungen kann niemals sicher auf eine Sensibilitätsstörung an sich, die Art der Sensibilitätsstörung oder gar ihre pathologisch-anatomische Ursache geschlossen werden. So fand sich bei Reizung bis zur dreifachen üblichen Schwelle ohne subjektives Empfinden wohl in der Regel auch kein Antwortpotential, in seltenen Fällen war aber auch ein pathologisches SRAP nachzuweisen. Das bedeutet, daß eine fehlende subjektive Empfindung nicht zwingend mit einem SRAP-Verlust einhergeht.

Vergleicht man die *SRAP-Veränderungen und die ihr zugrundeliegende Ätiologie* miteinander, so lassen sich als einziges Merkmal nur bei spinalen Tumoren eine Häufung völliger SRAP-Verluste oder schwer pathologische SRAP nachweisen. Am ehesten ist dieser Befund mit einer starken axonalen und/oder Myelinscheidenalteration und dem Begleitödem zu erklären.

SRAP-Veränderungen, die über die normale intraindividuelle und interindividuelle Schwankungsbreite wesentlich hinausgehen, sind an das Vorliegen einer organischen Schädigung im somatosensorischen System gebunden. Dafür sprechen auch die Beobachtungen von Alajouanine et al. (1958), Halliday (1967a) und Desmedt (1971), welche im Gegensatz zu Hernandez-Peon (1963) bei *hysterischer oder hypnotischer Anaesthesie normale SRAP* vorfanden. Wenn Hernandez-Peon et al. (1963) die pathologischen SRAP-Befunde bei hysterischer Anaesthesie mit einer funktionellen Blockade der sensiblen Transmission im afferenten System zu erklären versuchen, dann beruhen diese Ergebnisse auf den damaligen methodischen Unzulänglichkeiten, die gemäß den Abbildungen schon bei der Darstellung der Spontanaktivität ohne RAP deutliche Amplitudendifferenzen hervorgerufen haben. Levy et al. (1970, 1971, 1973) erklären die in der Literatur mitgeteilten unterschiedlichen Ergebnisse mit den angewandten differierenden Reizstärken, da eigene Nachuntersuchungen nur bei supramaximalen Nervenstammreizungen keinerlei SRAP-Störungen im sogenannte hysterischen Anaesthesiebereich ergaben. Die in jüngster Zeit von Meldofsky (1975) beschriebenen Amplitudenanstiege nach Aufsummierung aufeinanderfolgender Reizserien und Reizung hysterisch bedingter anaesthetischer Hautregionen sind mit der intraindividuellen Amplitudenvariabilität allein leicht erklärbar.

Zusammenfassend ist somit festzustellen, daß nur organische Läsionen im somatosensorischen System zu SRAP-Veränderungen oder -Verlusten führen und aus der Art der SRAP-Veränderung nicht auf die Art der Sensibilitätsstörung oder ihre pathologisch-anatomische Ursache geschlossen werden kann.

Mit Sicherheit führen nicht nur epikritische Störungen oder Hyperaesthesien, sondern auch ganz isolierte protopathische Ausfälle zu ausgeprägten SRAP-Veränderungen oder SRAP-Verlusten (s. Abb. 16). Die widersprüchlichen Mitteilungen in der Literatur sind nur zum Teil mit der Tatsache erklärbar, daß in wenigen Fällen Segmentreizungen bei dissoziierten Sensibilitätsstörungen tatsächlich keine sicheren SRAP-Veränderungen aufweisen. Überwiegend sind methodische Unterschiede, insbesondere die meistens angewandte Nervenstammreizung, für die wechselnden Befunde verantwortlich.

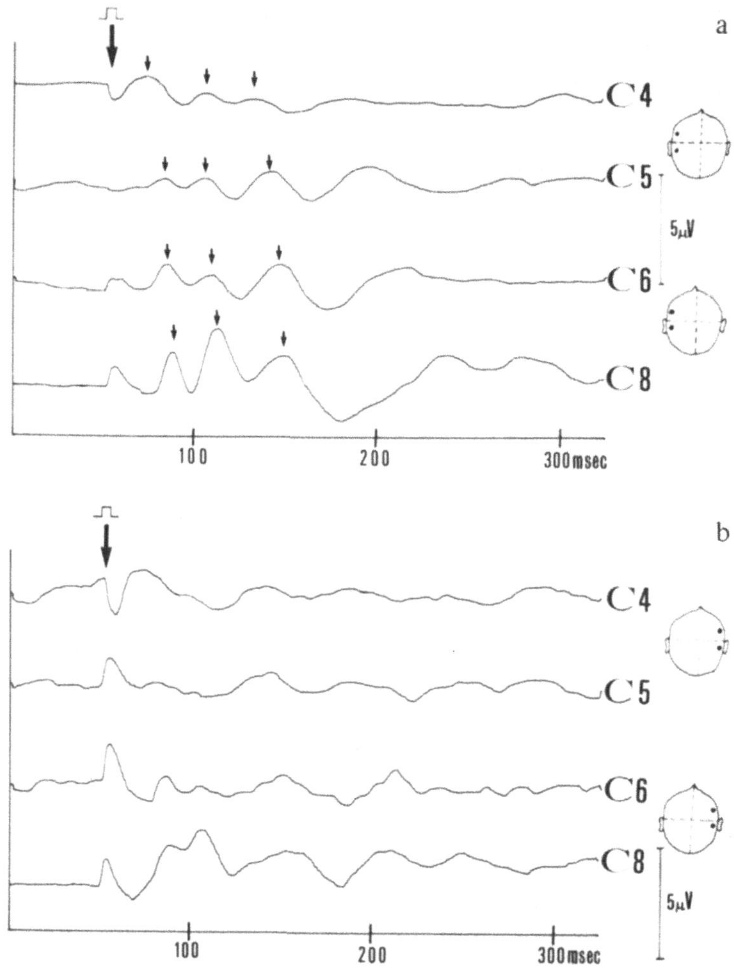

Abb. 16 a und b. SRAP eines Patienten mit linksseitiger dissoziierter Sensibilitätsstörung ab C 4 aufgrund einer Chordotomie, welche wegen therapieresistenter Rectumcarcinom- und Phantom-Schmerzen im ehemaligen Afterbereich durchgeführt wurde. Die Chordotomie hat zu einer Verlagerung des Beschwerdebildes auf die rechte Körperhälfte geführt. — Nur die SRAP der linken Cervicalsegmente sind pathologisch oder fehlen ganz

c) Zusammenfasung der funktionellen und ätiologischen Bedeutung der SRAP

Die SRAP-Ergebnisse nach adäquater sensibler Reizung, die Veränderungen bei spezifischen Sensibilitätsstörungen und intrakranielle Ableitungen aus den spezifischen Thalamuskernen geben sichere Anhaltspunkte dafür, daß es nach Eintritt des Impulsstroms im Hinterhorn des Rückenmarks zu einer *Weiterleitung besonders über die Hinterstränge, aber auch über die spinothalamischen Bahnen* kommt (Alajouanine et al., 1958; Uttal u. Cook, 1964; Norrsell, 1966; Poliakova, 1972; Handwerker et al., 1972). Es ist nicht korrekt, wenn man die kürzeste sensible Leitungsbahn als „lemniscale Leitung" bezeichnet, da dieser Begriff die Impulsleitung über die Vorderseitenstrangbahn nicht mit umfaßt. Da die SRAP bei dissoziierten Sensibilitätsstörungen für Schmerz und Temperatur meist weniger stark verändert sind, kann man vermuten, daß *zur Impulsleitung im wesentlichen die berührungsleitenden Bahnen* in Betracht kommen, welche in beiden Strangsystemen verlaufen, jedoch in den Hintersträngen deutlich stärker repräsentiert sind.

Für die spinale afferente Leitung sowohl über den gekreuzten wie auch über den ungekreuzten Tractus sprechen auch zahlreiche Tierversuche mit isolierten Bahnreizungen bzw. -durchtrennungen (u.a. Wall, 1970). Es soll aber nicht unerwähnt bleiben, daß andere Untersucher sowohl aufgrund von Tierversuchen als auch mit Hilfe von RAP-Ergebnissen bei Rückenmarkserkrankungen eine spinale Leitung nur über die Hinterstränge annehmen; die angeführten Argumente und Abbildungen erscheinen jedoch letztlich nicht überzeugend (Giblin, 1960, 1964; Larson et al., 1966; Whitehorn et al., 1969).

Die sensibel ausgelösten Nervenaktionspotentiale werden in den *kontralateralen spezifischen Thalamuskernen* (Nucleus ventralis posterolateralis und posteromedialis, abgekürzt VPL und VPM) auf das dritte sensible Neuron umgeschaltet (Pagni, 1967; Ganglberger et al., 1970; Cantor, 1973) und dann nur homolateral über die thalamocorticale Bahn zum sensiblen Cortex weitergeleitet. Nach der Meinung der Mehrzahl der Autoren kommt es also nicht zu einer bilateralen corticalen Weiterleitung, sondern *primär erfolgt nur eine streng homolaterale Ausbreitung.*

Die frühen und späten SRAP-Komponenten sind nicht als neurophysiologisches Substrat verschieden schnell leitender Nervenfasern aufzufassen, da ihre Latenzen sich nicht mit den entsprechenden Leitungsgeschwindigkeiten korrelieren lassen und bei spezifischen Sensibilitätsstörungen oder adäquaten spezifischen Reizen keine typischen Veränderungen zu finden sind.

Die erste biphasische SRAP-Komponente wird vor allem von Nervenfasern ausgelöst, die über wenige Synapsen (oligosynaptisch) mit den sogenannten Generatorstrukturen (z.B. Dendriten) verbunden sind; die thalamocorticalen Impulse gehen nur vom VPL- und VPM-Nucleus aus. Die Latenzzeit der frühesten SRAP-Komponente gibt die schnellste Leitung zwischen Reiz- und Ableite-Ort an.

Die späten, sogenannten sekundären SRAP-Anteile sind in ihrer Genese noch ungeklärt. Domino et al. (1965) vermuten aufgrund von Ergebnissen bei direkten Thalamusableitungen, daß alle bis 125 msec nach dem Reiz nachweisbaren SRAP-Komponenten auf dem kürzesten Wege von den sensiblen Rückenmarksbahnen über die spezifischen Thalamuskerne bis hin zum sensiblen Cortex entstehen und eine sogenannte extralemniscale Leitung nicht zu finden ist. Ob die einzelnen SRAP-Komponenten dann durch Desynchronisation des Nervenimpulses über die Thalamuskerne zustande kommen, wird von diesen Autoren nicht diskutiert.

Demgegenüber nimmt die Mehrzahl der Untersucher wegen der Variabilität der späten Komponenten an, daß die späten Anteile durch im Hirnstamm abgehende Kollateralen multisynaptisch entstehen. Pagni et al. (1967) vermuten, daß die Kollateralen über die Formatio reticularis, den Hypothalamus und die unspezifischen Thalamuskerne zur homolateralen Hemisphäre verlaufen.

Berücksichtigt man die von so vielen Faktoren abhängige Ausprägung der sekundären SRAP-Anteile, so scheint die Annahme einer Zwischenschaltung von Kerngebieten wie der Formatio reticularis eher überzeugend. Man könnte weiterhin auch an ein polysynaptisches System denken, hier aber vorwiegend corticothalamische Erregungskreise zwischen spezifischen Thalamuskernen und Gyrus postcentralis annehmen. So vermuten Johnson et al. (1974) nicht nur thalamocorticale Schaltkreise, sondern auch α-Generatoren. Dubouloz et al. (1969) sehen im Niveau des dritten Neurons (Thalamuskerngebiet) den Oscillator der sensiblen Bahnen.

Wenn auch die Entstehung der sekundären SRAP-Anteile noch ungeklärt ist, so ist doch zu vermuten, daß zumindest die *SRAP-Spitzen in den „Assoziationszentren" der homolateralen Hemisphäre* durch „neuronale Nachschwingungen" nach einem Anstoß durch das sensible Primärfeld entstehen. Dies würde mit der Tatsache ihrer leichten Latenzverzögerung gegenüber dem SRAP des kontralateralen Hauptfeldes in Einklang stehen und gleichzeitig die Ergebnisse von Goldring (1969) berücksichtigen, der nach Excision der Handarea im Gyrus postcentralis alle kontralateralen und ipsilateralen SRAP nach Medianusreizung zum Verschwinden brachte.

III. Pathologische somatosensorische Reizantwortpotentiale

Elektrische Hautreizungen lösen ebenso wie mechanische Hautreizungen über der kontralateralen sensorischen Hirnregion gleichwertige somatosensorische RAP aus. Ihre Latenz- und Amplitudenwerte sind modalitätsspezifisch, aber nicht qualitätsabhängig (z.B. Temperatur, Druck, Schmerz). Die SRAP beginnt nach Art eines umgekehrten „W" und zeigt bis 120 msec nach dem Stimulus drei Maxima und drei vorgelagerte Minima. Sie sind reproduzierbar, zeigen keine signifikante corticale Asymmetrie, und die Art ihrer Ausprägung sagt nichts über den Charakter der subjektiven Empfindung aus. Der SRAP-Nachweis einschließlich normaler Latenz- und Amplituden-Werte beweist die Funktionstüchtigkeit des erregungsleitenden und zur SRAP-Auslösung benötigten afferenten Systems; eine Störung der SRAP kann demzufolge unter Berücksichtigung der sensiblen NLG-Werte und der krankheitsunabhängigen beeinflussenden Faktoren eine *funktionsdiagnostische und lokalisationsdiagnostische Bewertung des sensiblen Systems* erlauben.

1. Definition pathologischer elektrosensibler Befunde

Zur Beurteilung des gesamten sensiblen Systems einschließlich der primären Rindenfelder ist eine exakte Auswertung der Spitzen-Latenzen und Amplituden der SRAP und eine Berücksichtigung der sensiblen NLG-Werte nötig. Die Aussage „**normales SRAP**" ist selbst mit Hilfe der einzelnen Normalwerte und unter Berücksichtigung der Veränderungen durch krankheitsunabhängige Faktoren nicht immer ohne Schwierigkeiten möglich. Es ist daher Storm van Leeuwen (1975) zuzustimmen, wenn er wegen der interindividuellen Variabilität der besonderen Bewertung der SRAP im Seitenvergleich bei der gleichen Untersuchungsperson einen besonderen Wert zumißt. Dabei kommt gerade dem Ausprägungsgrad und der Latenz der primären Anteile, d.h. der ersten biphasischen Komponente, eine besondere Bedeutung zu. Dieser frühe Anteil ist bei Normalpersonen unabhängig von der subjektiven Empfindung der Reize, d.h. also, auch im Schlaf oder gar in hypnotischer Anaesthesie (Halliday u. Mason, 1964; Debecker et al., 1971) immer nachweisbar.

Da die Grenze zwischen normalem und verändertem SRAP auch nach intraindividuellem Seitenvergleich nicht immer eindeutig zu ziehen ist, haben wir die Bewertungsskala: „normal — abnorm — pathologisch — völliger Potentialverlust" benutzt. Dabei ergibt sich die Einordnung „*normal*" bzw. „**völliger Potentialverlust**" von selbst.

Pathologisch wurde ein Potential dann gewertet, wenn die bis ca. 50—60 msec nach dem Reiz reichende primäre Antwort der sensiblen corticalen Area wesentlich gestört war. Dazu zählten ein außergewöhnlicher Amplitudenanstieg oder ein Amplitudenverlust

50

ebenso wie signifikante Latenzverschiebungen. Ein Amplitudenanstieg wurde allerdings nur als pathologisch bewertet, wenn er den Spitze-Spitze-Wert des SRAP der vergleichbaren Gegenseite um mehr als das Doppelte übertraf. Diagnostisch war dann eine epileptische Erkrankung anzunehmen.

Geringere Amplitudendifferenzen, Latenzverschiebungen eines der beiden ersten Maxima bzw. Minima oder Verlust des dritten Maximums wurden als „**abnormes SRAP**" gewertet.

Den Angaben des Patienten hinsichtlich seiner Empfindung wurde keine wesentliche Bedeutung beigemessen. Es ist aber bemerkenswert, daß die Fähigkeit, sukzessive Reize zu percipieren, mit zunehmender Sensibilitätsstörung bei Fortdauer der Reizung abnimmt und dieser klinisch nachweisbare Funktionswandel (Stein, 1930) auch sein elektrisches Korrelat hat (*„elektrosensibler Funktionswandel"*).

Die Beurteilung der sensiblen Neurographie-Befunde braucht hier im einzelnen nicht abgehandelt zu werden. Pathologische Kriterien waren weniger Amplitudenreduktionen als vielmehr Verlust des sensiblen NAP, Aufsplitterung im Sinne einer Desynchronisierung und signifikante Verzögerung der NLG der schnellst leitenden Fasern. Wegen der großen interindividuellen Variabilität und der Altersabhängigkeit war auf eine Untersuchung im Seitenvergleich je nach Krankheitsbild besonderer Wert zu legen.

2. Pathologische elektrosensible Befunde, Empfindungsgröße und manifeste Sensibilitätsstörung

Unsere eigenen NLG- bzw. SRAP-Ergebnisse und die überwiegende Zahl der Literaturmitteilungen berechtigen dazu, die sensible NLG- und SRAP-Auswertung zum Nachweis bzw. Ausschluß organischer Läsionen im somatosensorischen System zu nutzen. Der Nachweis eines normalen SRAP und damit verbunden normaler Leitgeschwindigkeitswerte erlaubt aber nicht den Schluß, auf ein *normales Empfinden des Untersuchten* zu schließen. Dem widersprechen nicht nur die Erfahrungen bei Schlafableitungen und die SRAP-Befunde in leichten Narkosestadien, sondern auch die Tatsache, daß die Fähigkeiten einer normalen Sensibilitätsempfindung über die Intaktheit eines somatosensorischen Systems vom Receptor bis zum Gyrus postcentralis hinausgehen. Wahrnehmungen erfordern immer auch corticale „Assoziationszentren" und ein funktionsfähiges integrierendes psychophysisches Gesamtsystem (s. Abb. 6).

Auch der umgekehrte Schluß von einem pathologischen NLG- oder SRAP-Befund auf eine manifeste Sensibilitätsstörung ist nicht zulässig. Dies zeigen die weiter unten beschriebenen Ergebnisse bei Hirnatrophikern und Epileptikern ebenso wie die Querschnittssyndrome ohne klinische Sensibilitätsstörungen. SRAP-Veränderungen können den Sensibilitätsstörungen nicht nur zeitlich vorausgehen, sondern nach den Untersuchungen von Namerow (1968) bei MS-Patienten und eigenen Befunden bei einer Caisson-Erkrankung (Jörg et al., 1975) auch nach klinischer Rückbildung der sensiblen Störung noch eine Zeit bestehen bleiben.

Unter Berücksichtigung aller bisher diskutierten Einschränkungen darf man die *elektrosensible Untersuchung als Hilfsmethode* der klinisch-neurologischen Abklärung von peripher neurogenen, spinalen oder cerebralen Erkrankungen betrachten. Verläßliche funktions- und lokalisationsdiagnostische Aussagen kann man immer dann erwarten, wenn der Auswerter auch über den neurologischen Befund Bescheid weiß und ggf. den EEG-, EMG- und neurographischen Befund hinzuzuziehen vermag.

IV. Elektrosensible Befunde bei Erkrankungen im peripheren Nervensystem

Bei Erkrankungen peripherer Nerven sind schlaffe Paresen, Muskelatrophien, Abschwächung oder Verlust der Eigenreflexe, Sensibilitätsstörungen und ggf. Defekte der vegetativ gesteuerten Funktionen nachweisbar. Wenn alle erwähnten Ausfälle in typischer Weise vorliegen, sollte die Diagnose der Art und der Lokalisation der peripheren Nervenerkrankung ohne neurophysiologische Hilfsmethoden möglich sein.

Vielfach fehlen aber einzelne oder gar alle erwähnten Ausfälle aufgrund einer bestimmten Lokalisation oder auch wegen des geringen Ausmaßes der Nervenschädigung. In solchen Fällen und insbesondere auch bei der Frage nach dem genauen Ort einer lokalen Schädigung können elektromyographische, elektroneurographische und seltener auch somatosensorische RAP-Untersuchungen unerläßlich sein. Die Art der elektrodiagnostischen Untersuchung wird im wesentlichen davon bestimmt, ob ein mehr diffuses oder streng lokalisiertes Betroffensein peripherer Neurone vorliegt.

1. Diffuses Betroffensein des peripheren Neurons

Die Elektromyographie und die motorische NLG-Bestimmung mit Einschluß des Muskelsummenpotentials reichen als elektrodiagnostische Hilfsmethoden aus, wenn ein Nerv nicht allein betroffen ist und der Schädigungsbereich mehr oder weniger diffus den gesamten Nervenverlauf betrifft. Nur in besonderen Fällen werden hier die sensible NLG-Bestimmung und auch die Untersuchung der SRAP nicht nur von wissenschaftlichem, sondern auch von klinischem Wert sein.

So sind Verzögerungen der sensiblen Nervenleitung und entsprechend pathologische SRAP-Befunde bei zahlreichen peripher neurogenen Erkrankungen beschrieben worden; erwähnt seien hier nur die verschiedensten *Polyneuropathieformen* (idiopathisch, toxisch, alkoholisch, diabetisch, auf dem Boden einer Periarteriitis nodosa oder einer porphyrischen Stoffwechselstörung) (Giblin, 1960; Bergamini et al., 1965; Halliday, 1967a; Mamoli u. Pateisky, 1972), die *metachromatische Leukodystrophie* (Desmedt, 1971), die *Charcot-Mariesche Erkrankung* mit allen ihren Übergangsformen bis zur Friedreichschen Ataxie (Bergamini et al., 1965; Ricker u. Trissler, 1974) und auch häufig der Diabetes mellitus und chronischer Alkoholabusus ohne klinische neurogene Schädigungszeichen (Oester et al., 1972).

Es versteht sich aus der Genese der SRAP, daß bei *distal betonten neurogenen Alterationen* im afferenten System immer dann das in dieser Region evozierte SRAP pathologisch sein oder ganz fehlen muß, wenn auch das sensible NAP ganz fehlt oder nur verzögert und ggf. zusätzlich desynchronisiert nachweisbar ist. Umgekehrt können proximal *lokalisierte peripher neurogene Erkrankungen* trotz einer normalen sensiblen NLG mit pathologischen SRAP-Befunden einhergehen. Als Beispiel seien die *Tabes dorsalis* (Bergamini et al., 1965) und die *Polyradiculitis* (Rosenfalck, 1971) genannt.

In einem von uns untersuchten Fall einer aufsteigenden Polyradiculitis vom Landry-schen Verlaufstyp war im Anfangsstadium die distale sensible NLG an den unteren Extremitäten trotz schlaffer sensomotorischer Paraparese altersentsprechend; das SRAP nach L 5-Reizung war aber pathologisch, und das von der Cauda equina abgeleitete NAP nach gemischter Tibialisstammreizung in der Kniekehle wies beidseitig eine deutliche Splitterung und Verzögerung auf. Dieser elektrodiagnostische Befund konnte somit den Schädigungsort in den proximalen Nervenabschnitt (d.h. entsprechend der Klinik „radiculär") lokalisieren.

Unter den Autoren besteht darin Übereinstimmung, daß man oft eine gute Korrelation zwischen dem Grad der SRAP- und NLG-Veränderungen auf der einen Seite und dem Ausmaß der bestehenden Sensibilitätsstörungen auf der anderen Seite finden kann. Es ist aber keineswegs zwingend, daß pathologische elektrosensible Ergebnisse immer mit Sensibilitätsstörungen einhergehen müssen. So konnte Rosenfalck (1971) eine Minderung der sensiblen NLG bis auf weniger als die Hälfte der Normalwerte feststellen, ohne daß das Berührungsempfinden beeinträchtigt war.

Umgekehrt kann im Einzelfall ein gefundener NLG-Wert, der während des akuten Krankheitsstadiums noch im statistischen Normbereich liegt, retrospektiv ohne weiteres als pathologisch verlangsamt eingeordnet werden, wenn unter der klinischen Rückbildung die NLG-Kontrollen um mehr als ca. 5 m/sec raschere Werte aufweisen (Hopf u. Lowitzsch, 1974).

Diese Tatsache weist auf den begrenzten Wert der NLG-Normalbefunde für den Einzelfall hin und relativiert entscheidend die exakten, oft durch Hauttemperaturregulationen erhaltenen Normalwerte einzelner Autoren in ihrer Anwendbarkeit im klinischen Alltag.

2. Umschrieben lokalisierte Nervenläsionen

Der diagnostische Wert der sensiblen NLG-Bestimmung und der SRAP-Auswertung zeigt sich weniger bei einer diffusen Nervenschädigung als vielmehr bei umschriebenen Nervenläsionen. Hier können die lokale Verzögerung der Erregungsleitung, die Potentialdesynchronisierung und Potentialdepression bzw. -verlust den weiteren diagnostischen und therapeutischen Weg aufzeigen. Aus anatomischen Gründen ist es leicht einsehbar, daß wegen des gelegentlich selektiven Betroffenseins der sensiblen und motorischen Fasern nicht nur EMG und motorische NLG nebst Muskelsummenpotential, sondern auch sensible NLG, NAP und somatosensorische RAP-Ableitungen indiziert sein können.

So kann sich bei einem *Carpaltunnelsyndrom* im Initialstadium trotz normaler motorischer NLG, distaler Latenzzeit und unauffälligem EMG schon ganz isoliert eine signifikante, seitendifferente, sensible NLG-Verzögerung für den N. medianus im Handgelenksbereich vorfinden (Moody, 1975; Kaeser, 1975; eigene Befunde unveröffentlicht). Dabei ist es gleichgültig, ob man die lokale Leitungsverzögerung nur mit der von uns bevorzugten sensiblen NLG-Bestimmung und Ableitung am N. medianus im Handgelenksbereich nachweist, oder ob man die von Desmedt et al. (1966b, 1971) beschriebene Einkreisungsmethode benutzt. Letztere erlaubt dadurch den Nachweis einer lokalen Leitungsverzögerung, daß man die SRAP-Latenzen nach Mittelfingerreizung und Medianusnervenstammreizung am Handgelenk bewertet und die Latenzunterschiede bestimmt. Die Bestimmung der sensiblen NLG des N. medianus erscheint uns methodisch einfacher und ist im Gegensatz zur alleinigen SRAP-Verwendung auch noch bei zusätzlich bestehenden spinalen oder cerebralen Störungen nachweisbar.

Auf *weitere lokale Läsionen am distalen peripheren Nervenabschnitt* (traumatische Nervenschäden durch Schnitt- oder Frakturverletzungen, Radialis- oder Fibularis-Drucklähmungen, Sulcus ulnaris-Syndrom, sog. Supinatorsyndrom) soll hier deshalb nicht eingegangen werden, weil für sie eine SRAP-Untersuchung überflüssig und die motorische NLG neben dem EMG meist ausreichend ist.

Die kombinierte Anwendung der SRAP und sensiblen NLG ist wegen der lokalisationsdiagnostischen Aussagekraft aber immer dann indiziert, wenn z.B. bei einer Läsion oberhalb des Erbschen Punktes die motorische und sensible NLG rein anatomisch nicht mehr bestimmbar ist.

a) Scalenussyndrom

Als charakteristisches Beispiel sei der in der Abb. 17 a und b dargestellte elektrosensible Befund einer Patientin mit *Scalenussyndrom bei Halsrippe* beschrieben.

Bei der 37jährigen Patientin hatte sich innerhalb von vier Jahren eine Verschmächtigung und Schwäche der rechten Daumenballenmuskulatur ohne Schmerzen entwickelt. Neurologisch fanden sich eine deutliche M. abductor pollicis brevis-Atrophie und -Parese (Grad 2–3), aber keinerlei Sensibilitätsstörungen, Eigenreflexdifferenzen oder Paresen der Hypothenarmuskelgruppe. Die Daumenopposition war leicht überwindlich, das Flaschenzeichen war positiv.
Im EMG des M. Abductor pollicis brevis und M. opponens fanden sich Fibrillationspotentiale und einmal auch monophasische Wellen. Das Muster war bei Maximalinnervation deutlich gelichtet, die Aktionspotentiale wiesen in 20–50% eine Polyphasie mit einer Amplitudenhöhe bis 2 mV und eine Aktionspotentialdauer bis 10 msec auf. In der rechten Hypothenarmuskelgruppe waren nur ganz diskret Fibrillationspotentiale ohne neurogene Umbauzeichen nachweisbar. Das EMG des M. triceps war unauffällig, und somit lagen Hinweise für eine radiculäre Läsion bei C 7 auch vom EMG her nicht vor.
Die motorische NLG und die distale Latenz waren sowohl für den N. ulnaris wie auch für den N. medianus bis zum Erbschen Punkt im Normbereich. Das Muskelsummenpotential vom M. abductor pollicis-Bereich war mit 2 mV deutlich erniedrigt.

Die sensible NLG war nach Mittelfingerreizung bis zum Sulcus axillaris im Normbereich und nicht seitendifferent; das sensible NAP wies eine biphasische Form und keine Anhaltspunkte für eine zeitliche Dispersion der afferenten Bahnen auf. Ein klinisch erwogenes Carpaltunnelsyndrom war somit elektrodiagnostisch ausgeschlossen.

Die seitenvergleichende SRAP-Auswertung nach Mittelfingerreizung (s. Abb. 17b unten) lenkte dann den Verdacht auf eine proximal lokalisierte Nervenleitungsstörung, z.B. auf ein Scalenussyndrom. Die erneute klinische Untersuchung ergab ein beidseitig positives Adsonmanöver, Röntgenaufnahmen der Thoraxapertur ließen einen rechtsseitigen Halsrippenstummel erkennen.

Die klinischen, elektrodiagnostischen und röntgenologischen Befunde erlaubten zusammengefaßt die Diagnose „Scalenus-Syndrom bei Halsrippe mit unterer Plexusalteration", obwohl die von Gilliat et al. (1970) als typisch beschriebenen Sensibilitätsstörungen und Schmerzen hier nicht vorlagen. Die operative Exploration mit Scalenotomie,

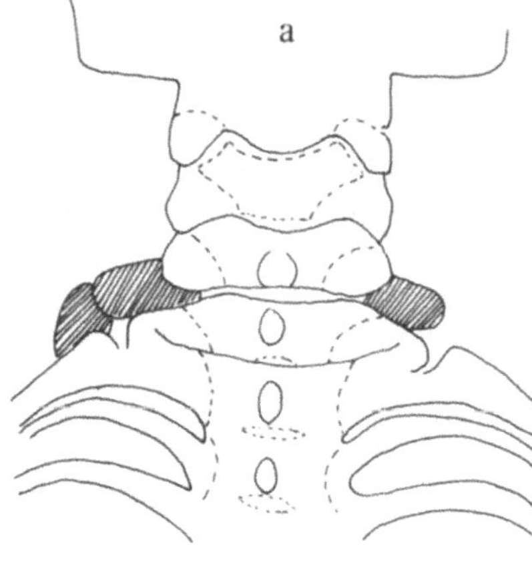

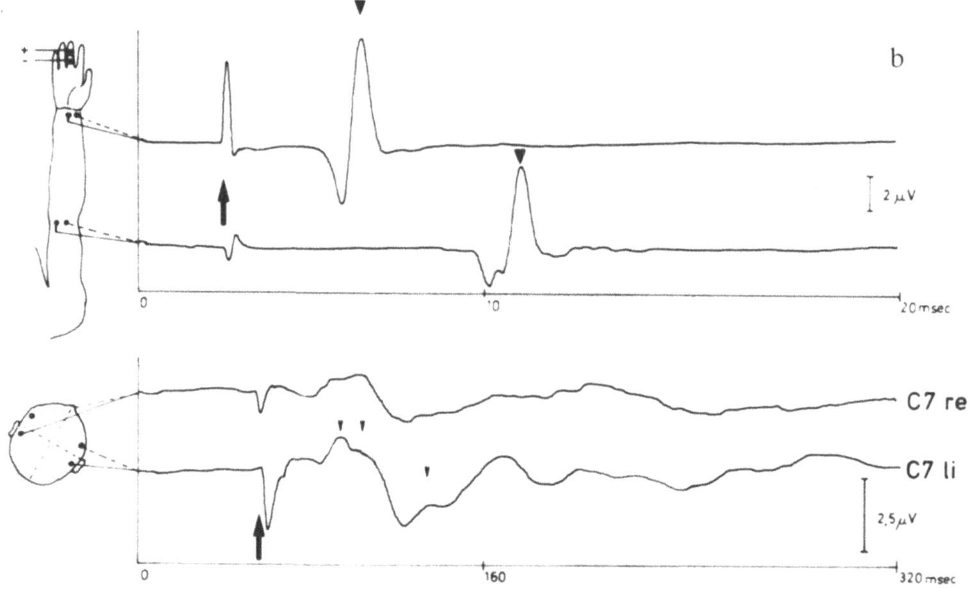

Abb. 17 a und b. Scalenussyndrom mit Halsrippenstummel und unterer Plexus brachialis-Schädigung. (a) Röntgenaufnahme (nach Original schematisiert) der Thoraxapertur einer 37jährigen Patientin mit rechtsseitigem Halsrippenstummel und links HWK 7-Apposition. (b) Normale sensible NLG- und NAP-Werte am rechten Arm. SRAP nach C 7-Reizung (Mittelfinger) beidseitig weist rechts eine abnorme bis pathologische Störung mit besonderem Betroffensein der ersten biphasischen Komponente auf. Der SRAP-Befund war reproduzierbar. (Unveröffentlicht)

Halsrippenresektion und Durchtrennung des zwischen Halsrippenstummel und Scalenustubercel der ersten Rippe verlaufenden fibrösen Bandes läßt erwarten, daß die nachgewiesene Kompression des unteren Plexus brachialis und der Arteria brachialis dextra reduziert ist und zumindest eine Progredienz des Krankheitsbildes ausgeschlossen werden darf.

Es bleibt ungeklärt, ob die *Ursache der relativ geringen SRAP-Veränderung* nach Reizung des sensibel ungestörten Mittelfingers eine druckbedingte lokale Demyelinisierung oder nur eine intraneurale Fibrosierung ist; für die letztere Annahme würde die Tatsache sprechen, daß eine ausgeprägtere Leitungsverzögerung trotz des besonderen Betroffenseins der ersten biphasischen Komponente sicher nicht vorlag und Druckläsionen nach Brown (1970) häufiger mit umschriebenen Fibrosierungen im epineuralen und perineuralen Gewebe einhergehen.

Der Wert der kombinierten SRAP- und NLG-Bestimmung wäre bei einem reinen Scalenus-Syndrom ohne eine begleitende, diagnostisch relevante Halsrippe hinsichtlich der lokalisationsdiagnostischen Aussage noch größer zu bemessen. Entsprechende eigene Untersuchungsergebnisse liegen dazu aber noch nicht vor und sind in der Literatur auch nicht beschrieben worden.

b) Radiculäre Syndrome

Ein weiteres diagnostisches Feld für die kombinierte SRAP- und NLG-Anwendung stellen die häufigen radiculären Syndrome mechanischer Genese dar. An den oberen Extremitäten können bei der gelegentlich schwierigen Differentialdiagnose *„C 8-Syndrom bzw. Ulnarisparese"* die normale sensible NLG und das segmental pathologische oder fehlende SRAP ein sicherer Hinweis für die radiculäre Genese sein.

Bei einem traumatischen *Wurzelausriß* bleibt das Spinalganglion peripher von der Abrißstelle erhalten, die afferenten Nervenfasern werden somit auch im weiteren Krankheitsverlauf nicht durch Wallersche Degenerationen geschädigt, und es sind nach elektrosensibler Reizung der sensibel gestörten Hautregionen normale NLG- und NAP-Werte nachweisbar. Das segmentale somatosensorische RAP ist demgegenüber vom ersten Tag an pathologisch verändert oder fehlt ganz. Dieser elektrosensible Befund geht zeitlich auch dem positiven Schädigungsnachweis im EMG voraus, da sich Denervierungszeichen erst nach 10–14 Tagen einstellen.

Im Gegensatz zu den oberen Extremitäten, wo Erkrankungen distaler Nervenstämme und Plexusschäden überwiegen, stehen im Bereich der Beine die *bandscheibenbedingten Wurzelsyndrome* im Vordergrund (Schliack, 1975). So konnte Gestring erstmals 1969 bei abtastender segmentaler Hautreizung im Seitenvergleich bei L 4 eine isolierte SRAP-Latenzverzögerung nachweisen, obwohl klinisch ein L 5-Syndrom anzunehmen war. Die Operation brachte dann einen massiven Discusprolaps zutage, der dem elektrosensiblen Befund entsprach.

Will man aber, über die Ergebnisse von Gestring hinausgehend, auch eine exakte lokalisationsdiagnostische Aussage treffen, so ist die sensible NLG- und SRAP-Bestimmung durch eine Untersuchung der Nervenleitung zwischen N. tibialis der Kniekehle bzw. N. fibularis des Fibulakopfes und Cauda equina durch *Lumbalpunktionsableitung* zu erweitern (Jörg, 1975a). Ohne diese Ausweitung ist eine sichere Aussage über den Funktionszustand des peripheren Nervensystems nur möglich, wenn eine normale spinale und cerebrale afferente Leitung vorausgesetzt werden kann. Dies ist im klinischen Alltag aber nur selten ohne Vorbehalte gegeben.

Die Normalwerte der gemischten NLG-Werte für den proximalen N. tibialis-Verlauf bis zur Cauda equina sind der Tabelle 4 zu entnehmen. Bei der klinischen Anwendung kommt neben den Normalbefunden der NLG und der Beurteilung der NAP-Form (in der Regel biphasisch) ein besonderer Wert dem intraindividuellen Seitenvergleich zu. Die NAP-Amplitude erscheint wegen der Abhängigkeit der Lage der LP-Nadelspitze nur von geringem Wert; so konnten in einzelnen Fällen bei guter Nadellage die NAP sogar ohne Aufsummierung auf dem EMG-Oscillograph erkannt werden.

Als charakteristisches Beispiel seien die klinischen und elektrodiagnostischen Befunde eines 66jährigen Patienten beschrieben, der an einer *lumbalen Radiculitis auf dem Boden einer spondylotischen Wirbelkörperkantenreaktion* litt (s. Abb. 18).

Der 66jährige S.F. litt in den letzten 4 Monaten 2mal unter starken, stechenden LWS-Schmerzen, die nicht akut begannen und in die linke Leiste und die Vorderseite des

56

linken Oberschenkels ausstrahlten. Die neurologische Untersuchung erbrachte eine linksseitige Quadricepsparese mit fehlendem PSR und eine Hypaesthesie für alle Qualitäten
im Segmentstreifen L 4.

Röntgenaufnahmen der LWS zeigten eine ausgeprägte spondylotische Wirbelkörper-
vorderkanten- und -seitenkantenreaktion.

Im lumbalen Liquor fanden sich 49/3 Lymphocyten, 73 mg% Gesamteiweiß und normaler Druckanstieg nach Vena jugularis-Kompression.

Elektromyographisch waren im linken M. tibialis anterior geringe und im Rectus fe-
moris deutliche Denervierungszeichen (Fibrillationen und monophasische Wellen) mit
mäßiger Polyphasievermehrung der Muskelaktionspotentiale nachweisbar.

Im Rahmen der Lumbalpunktion wurden bds. der N. tibialis in der Kniekehle mit
supramaximalen Rechteckströmen gereizt und von der Cauda spinalis 512 NAP aufsummiert.

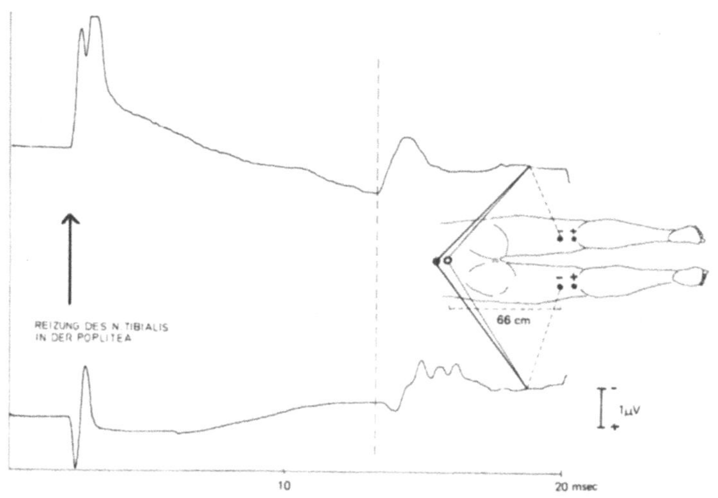

Abb. 18. Gemischtes Nervenaktionspotential nach N. tibialis-Reizung in der Poplitea
und Ableitung durch eine spezielle Lumbalpunktionsnadel. *Rechts:* Normaler biphasi-
scher NAP-Verlauf ohne Latenzverzögerung. *Links:* Lantenzverzögertes, deutlich aufge-
splittertes NAP als Zeichen einer Desynchronisierung der untersuchten Nervenfaserstrecke
(Unveröffentlicht)

In der Abb. 18 sind die NAP nach Reizung der N. tibialis beider Beine dargestellt. Schon
ohne Großrechnerauswertung zeigt sich links eine allgemeine Latenzverzögerung der ersten positiven Spitze und eine Aufsplitterung des gemischten Potentials. Der biphasische
Ablauf des rechten NAP entspricht der Norm; der Abstand zwischen Reiz- und Ableite-
Ort betrug auf beiden Seiten 66 cm.

An der Diagnose „Radiculitis bei LWS-Spondylose" bestand klinisch und elektrodiagnostisch kein Zweifel, eine konservative Therapie mit Antiphlogistica und Bettruhe
führte zur Schmerzfreiheit, Rückbildung der Sensibilitätsstörung und Besserung der
schlaffen Parese. Eine Kontrollpunktion mit NAP-Bestimmung im Verlauf steht noch aus.

Die Art der gefundenen *lumbalen NAP-Form* kann selbstverständlich nichts über die
Genese der radiculären Schädigung aussagen, gleiche Befunde sind auch bei einer mechanischen Wurzelalteration ohne Begleitradiculitis zu erwarten.

Der N. tibialis umfaßt bekanntlich die Wurzeln L 4–S 3 und erscheint nach den bisherigen Ergebnissen für die klinisch-diagnostische Beurteilung an den unteren Extremitäten ausreichend. Eingehendere Untersuchungen hierüber sind aber noch im Gange, und es soll über die Befunde nach N. tibialis- bzw. N. fibularis-Reizung und LP-Ableitung erst in einer späteren Arbeit abschließend Stellung genommen werden. Man darf aber schon jetzt die Erwartung aussprechen, daß die Methodik der lumbalen Nervenwurzelableitung wegen ihrer Risikolosigkeit in der Zukunft einen festen Platz in der klinischen Diagnostik von lumbalen Wurzelschäden einnehmen wird, da sie im Gegensatz zu der aufwendigen und nicht risikofreien Myelographie nicht einen indirekten, sondern einen *direkten Schädigungsnachweis an der sensiblen und motorischen Lumbal- und Sacralwurzel* ergibt.

Gegebenenfalls wird sich mit dieser neuen Ableitetechnik auch aufzeigen lassen, ob tatsächlich das pathogenetische Prinzip der sogenannten neuralgischen Schmerzen bei Lumbago oder Ischialgie auch ohne neurologisch nachweisbare Ausfälle so stark von der mechanischen Irritation der sensiblen Bahnen bestimmt wird, wie es Kuhlendahl (1953) vermutet hat. Elektrodiagnostisch wäre analog den Ergebnissen beim Carpaltunnelsyndrom auch in diesen Fällen dann schon im Seitenvergleich eine Veränderung der lumbalen NAP-Form oder der segmentalen SRAP zu erwarten.

Ein weiterer Vorteil der Ableitung im Rahmen der Lumbalpunktion scheint auch in dem möglichen Nachweis oder Ausschluß einer *Spritzenschädigung des N. ischiadicus* zu liegen; diese Frage stellt sich häufig in Gutachtenfällen und müßte sich bei einem sicheren organischen Befund zumindest durch eine Überleitungsverzögerung zwischen Popliteareizort und lumbalem Ableitepunkt klären lassen.

In gleicher Weise können die lumbale Ableitetechnik und die SRAP-Bestimmung einzelner segmentaler Hautregionen bei der Differentialdiagnose *„Fibularisteilparese bzw. L 5-Syndrom"* nützlich sein, wenn elektromyographisch im M. tibialis posterior keine sicheren Denervierungszeichen nachweisbar sind.

Zusammenfassend kann man für die Erkrankungen am peripheren Nervensystem feststellen, daß die Bestimmung der sensiblen bzw. gemischten NLG und die Verwendung der segmental evozierten SRAP besonders bei radiculären Schäden und Läsionen oberhalb des Erbschen Punktes bzw. der Poplitea einen diagnostischen Wert haben. Ihre Anwendung ist besonders dehalb indiziert, weil sich im Gegensatz zur Bestimmung der motorischen NLG auch die proximal lokalisierten Nervenschädigungen erfassen lassen. Die Ergebnisse bis hoch zur Cauda spinalis zeigen zuverlässig den Funktionszustand der geprüften afferenten Bahnen auf und erlauben bei einer Beurteilung im Seitenvergleich und in Verbindung mit den Normalwerten eine sichere elektrodiagnostische Aussage.

V. Somatosensorische corticale Reizantwortpotentiale bei Rückenmarkserkrankungen

Bei Rückenmarkserkrankungen waren die elektrodiagnostischen Möglichkeiten bisher auf die EMG-Untersuchung beschränkt. Diese kann bei Störungen am Vorderhorn oder der vorderen Wurzel typische, ggf. auf bestimmte Kennmuskeln beschränkte (s. Abb. 19) Denervierungspotentiale und neurogene Umbauzeichen erfassen und so ggf. auch klinisch noch latente motorische Schädigungen mit spinaler oder radiculärer Lokalisation nachweisen. In gleicher Weise lassen sich mit der elektrosensiblen Untersuchung Störungen im afferenten System objektivieren. Ihre Anwendung in der klinischen Diagnostik von Rückenmarkserkrankungen ist risikolos. Außerdem ermöglichen EMG und elektrosensible Untersuchung im Gegensatz zur Myelographie einen *„direkten" Schädigungsnachweis am peripheren Motoneuron bzw. den afferenten Bahnen.*

Da die SRAP bei Rückenmarkserkrankungen ggf. schon vor dem Auftreten manifester Sensibilitätsstörungen durch charakteristische pathologische Veränderungen eine affe-

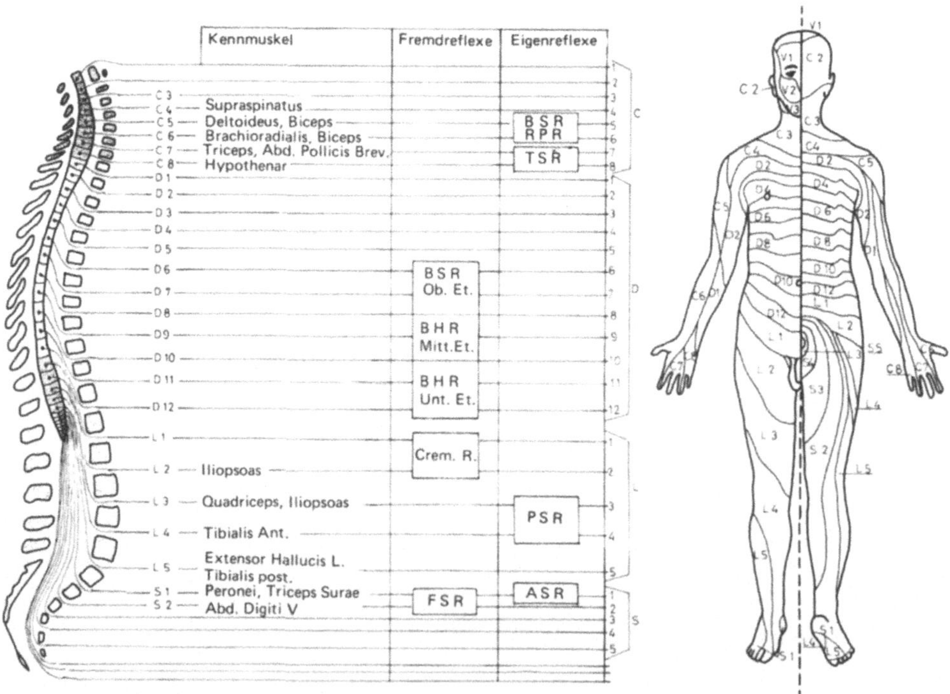

Abb. 19. Schematische Übersicht über die sensiblen Hautsegmente, die Eigen- und Fremdreflexe in ihrer lokalisatorischen Bedeutung, die Kennmuskeln an den oberen und unteren Extremitäten und die räumliche Beziehung von Rückenmark und Wirbelsäule. [Nach Jörg, J., 1976]

rente spinale Schädigung nachweisen können, soll zunächst ihre höhendiagnostische Aussagekraft bei Querschnittssyndromen auf dem Boden raumfordernder Prozesse und bei vasculären bzw. traumatisch bedingten spinalen Läsionen dargestellt werden. Anschließend werden die differentialdiagnostischen Möglichkeiten bei entzündlichen, degenerativen und Stoffwechselerkrankungen besprochen. Auf die Ergebnisse mit spinalen Ableitepunkten und die Wertigkeit und Indikationsstellung der SRAP-Anwendung bei Rückenmarkserkrankungen wird im letzten Abschnitt eingegangen.

1. Rückenmarksquerschnittssyndrome

a) Raumfordernde intraspinale Prozesse mit Einschluß der cervicalen Myelopathie

Eine elektrosensible Untersuchung erfolgte bisher bei mehr als 200 Patienten mit dem Verdacht eines Querschnittssyndroms. Dabei konnte *in 47 Fällen eine Rückenmarkskompression objektiviert* werden, bis auf vier Patienten immer durch Operation. Diagnostisch fanden sich überwiegend Bandscheibenprotrusionen im Rahmen der cervicalen Myelopathie (14mal), Meningeome (7mal), Neurinome (6mal), spinale Angiome (5mal) und Bandscheibenprolapse (3mal). Seltener wurden Metastasen eines Bronchialcarcinoms oder Hypernephroms (3mal), Arachnoidalcysten (2mal), ein Ependymom (1mal), eine Markatrophie (1mal), ein Chordom (1mal) und ein Stiftgliom (1mal) nachgewiesen.

Die Auswertung der einzelnen *segmental evozierten SRAP-Befunde* erbrachte bis auf einen der 47 Patienten immer als *Zeichen eines elektrosensiblen Querschnittssyndroms* ab einer bestimmten Segmenthöhe einen Potentialverlust oder ausgeprägte pathologische Potentialveränderungen. Nur bei einem Patienten war sowohl klinisch als auch elektrosensibel ein radiculäres Cervicalsyndrom mit isoliertem Segmentausfall bei gleichzeitig bestehender Tetraspastik nachweisbar.

Analysiert man die SRAP-Befunde in Höhe und unterhalb der Rückenmarksprozesse im einzelnen, so findet man neben einem kompletten SRAP-Verlust (s. Abb. 20, links) insbesondere Amplitudenreduktionen und Spitzenlatenzvergrößerungen mit Bevorzugung des primären SRAP-Anteils (s. Abb. 20, rechts). Amplitudenerhöhungen, wie sie später im Rahmen der Epilepsie beschrieben werden, liegen in keinem Falle vor. Beim Vergleich der SRAP-Veränderungen bei peripher neurogenen Erkrankungen und spinalen afferenten Schädigungen ist kein Unterschied zu finden.

Abb. 20. Corticale SRAP von zwei Patienten mit einem klinischen und elektrosensiblen Querschnittssyndrom. *Links:* Querschnittssyndrom bei D 4; bereits bei D 2 fällt eine Amplitudenminderung der Maxima I und III auf, das SRAP von D 4 zeigt einen völligen Potentialverlust. *Rechts:* Querschnittssyndrom bei D 4; auch hier findet sich für D 4 eine weitgehende Reduktion des Antwortpotentials. Das SRAP von D 6 weist als pathologischen Befund in erster Linie Latenzverschiebungen auf. (Nach Baust et al., 1972a)

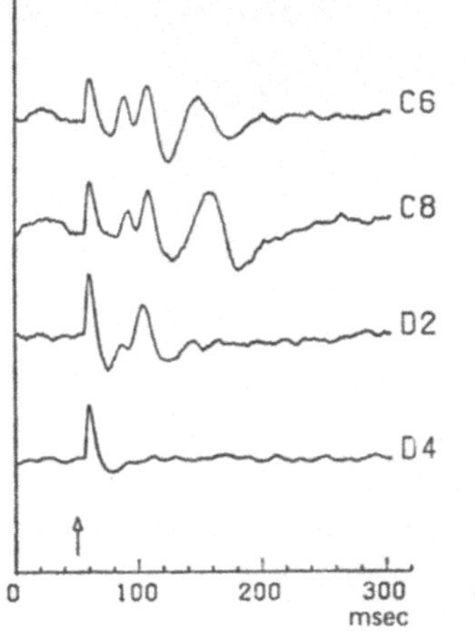

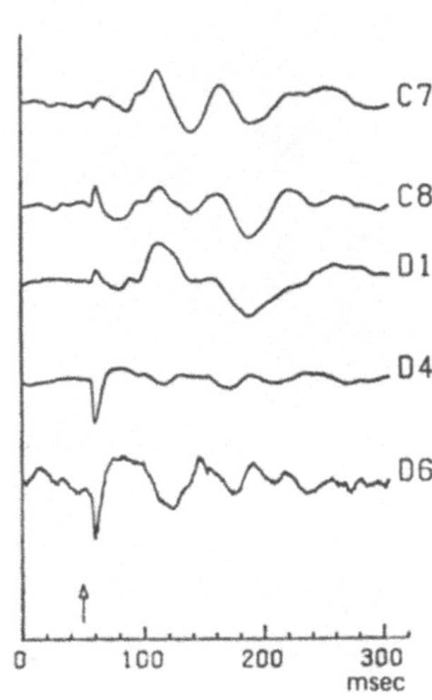

Kommt es unterhalb des gefundenen elektrosensiblen Querschnittssegmentes wieder zu einer mehr oder weniger starken Rückbildung der SRAP-Veränderungen, insbesondere im Lumbalbereich, so findet man diagnostisch meist eine ventral lokalisierte Rückenmarkskompression, d.h. überwiegend eine cervicale Myelopathie. Darauf soll weiter unten bei der Bewertung der Ergebnisse gesondert eingegangen werden.

Da bei der SRAP-Beurteilung oft die bestehenden klinischen Befunde nicht ohne Einfluß bleiben, soll ein *typischer klinischer, elektrosensibler und röntgenologischer Querschnittsbefund* eingehender besprochen werden (s. dazu Abb. 21).

Die 66jährige Patientin klagte seit sechs Jahren über „Bandscheibenschmerzen", in den letzten zwei Jahren kamen Verkrampfungen der Füße, zunehmende Gehbeschwerden (Einknicken im Fuß) und ein Taubheitsgefühl an den unteren Extremitäten in aufsteigender Form hinzu.
Neurologisch fanden sich eine spastische Paraparese, eine dissoziierte Sensibilitätsstörung für Schmerz und Temperatur von D 4–D 8 beiderseits und ab D 8 zusätzlich eine epikritische Sensibilitätsstörung ohne komplette Anaesthesiebezirke.
Im lumbalen Liquor konnten 41/3 Lymphocyten und 384 mg% Gesamt-Eiweiß nachgewiesen werden; die Myeloszintigraphie von lumbal wies einen Stop bei BWK 6–7 auf. Die Myelographie von suboccipital aus erbrachte einen nahezu kompletten Stop bei D 6.
Die SRAP-Anwendung zeigte rechts normale Befunde bei C 8, D 2 und D 4; die Latenzspitzen von D 6, D 8, D 10, D 12 und L 3 rechts und D 8, D 10, D 12 und L 3 links waren deutlich erniedrigt und signifikant verzögert.
Operativ konnte bei D 6–D 7 ein 4 cm langes, intrathecal gewachsenes Neurinom total exstirpiert werden.

Dieser eindrucksvolle Krankheitsverlauf und die beschriebenen Befunde haben schon präoperativ an der Diagnose „Neurinom" keinen Zweifel aufkommen lassen. Der erhobene elektrosensible beidseitige Querschnittsbefund hat in diesem Falle sicher keinen

Abb. 21b

Abb. 21a

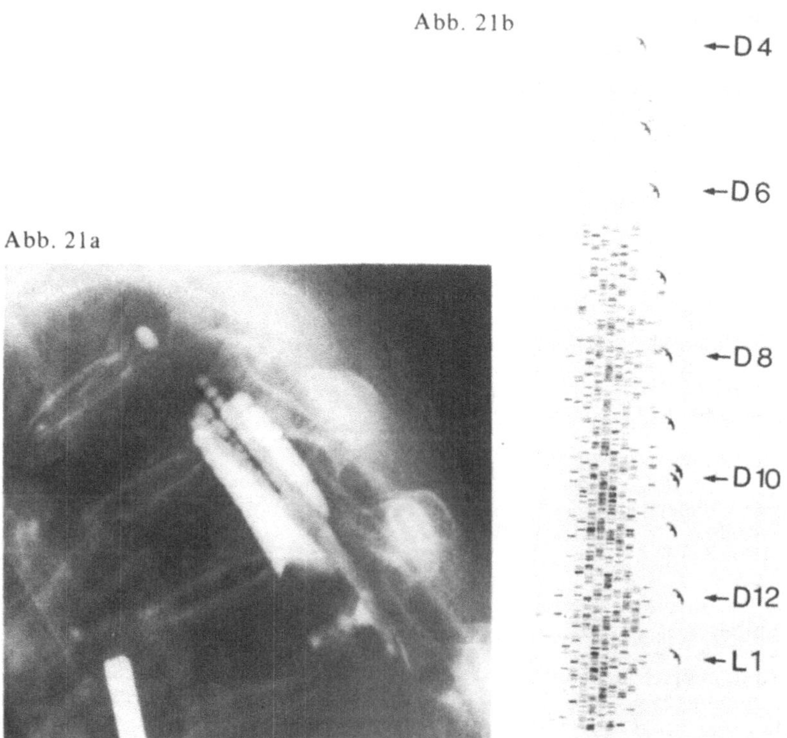

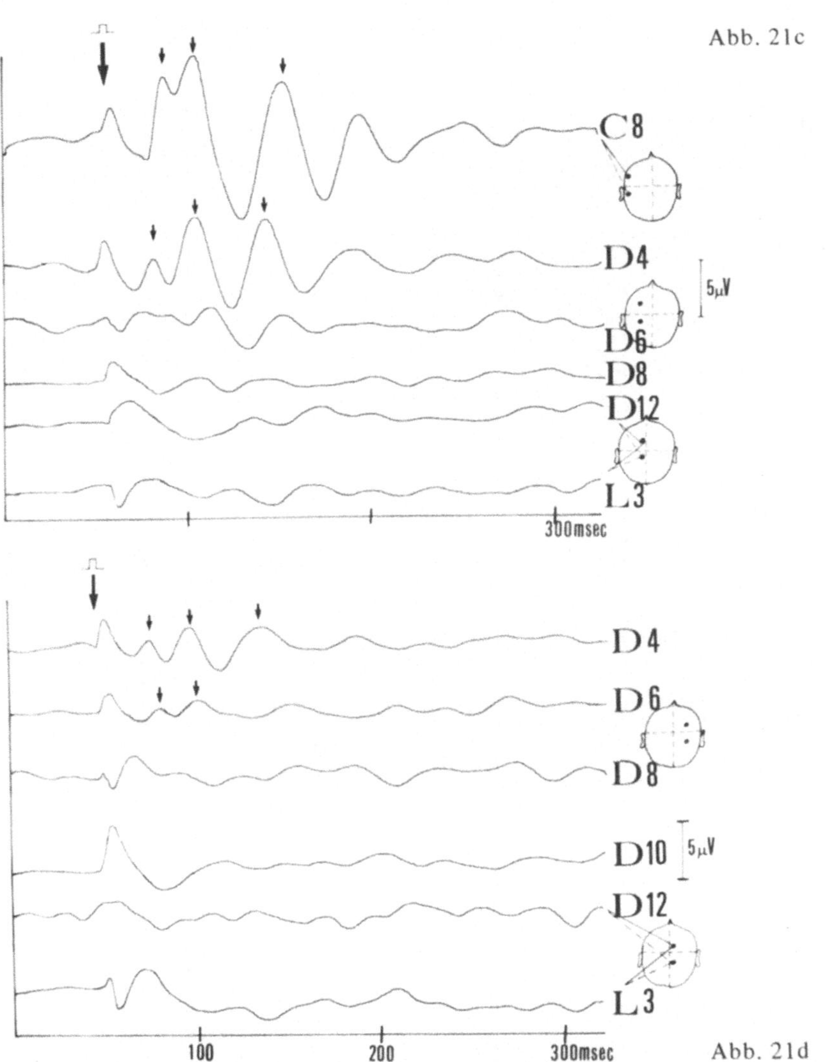

Abb. 21 a—d. Myelographischer, myeloscintigraphischer und elektrosensibler Befund einer 66jährigen Patientin mit einem Neurinom bei D 6—D 7. Weitere Einzelheiten s. Text. (Unveröffentlicht)

wesentlichen Beitrag zur Diagnosefindung geleistet. Auch ist seine höhenlokalisatorische Bedeutung trotz der um zwei Segmente cranialer gelegenen klinischen Sensibilitätsgrenze relativ gering einzuschätzen.

Der Wert der elektrosensiblen Befunde wird aber bei einigen der 47 Patienten mit einem raumfordernden spinalen Prozeß dann deutlich, wenn man die *objektivierte Rükkenmarksläsion und die möglicherweise bestehende segmentale Höhendifferenz* zu der klinischen Sensibilitätsgrenze und der elektrosensiblen und ggf. auch elektromyographischen Höhenlokalisation in Beziehung setzt. Zur Veranschaulichung sind daher die gefundenen Ergebnisse der 47 Patienten in Tabelle 5 in vier Gruppen unterteilt. Die erste Gruppe (15 Patienten) weist übereinstimmende Befunde für die klinische Sensibilitäts-

Tabelle 5. Die objektivierte Rückenmarksschädigung von 47 Patienten und die entsprechenden klinischen Sensibilitätsgrenzen, elektrosensiblen und elektromyographischen Befunde. Die (meist operativ bestätigte) Rückenmarksalteration ist mit der durch den linken Pfeil gekennzeichneten Mittellinie dargestellt. (Unveröffentlicht)

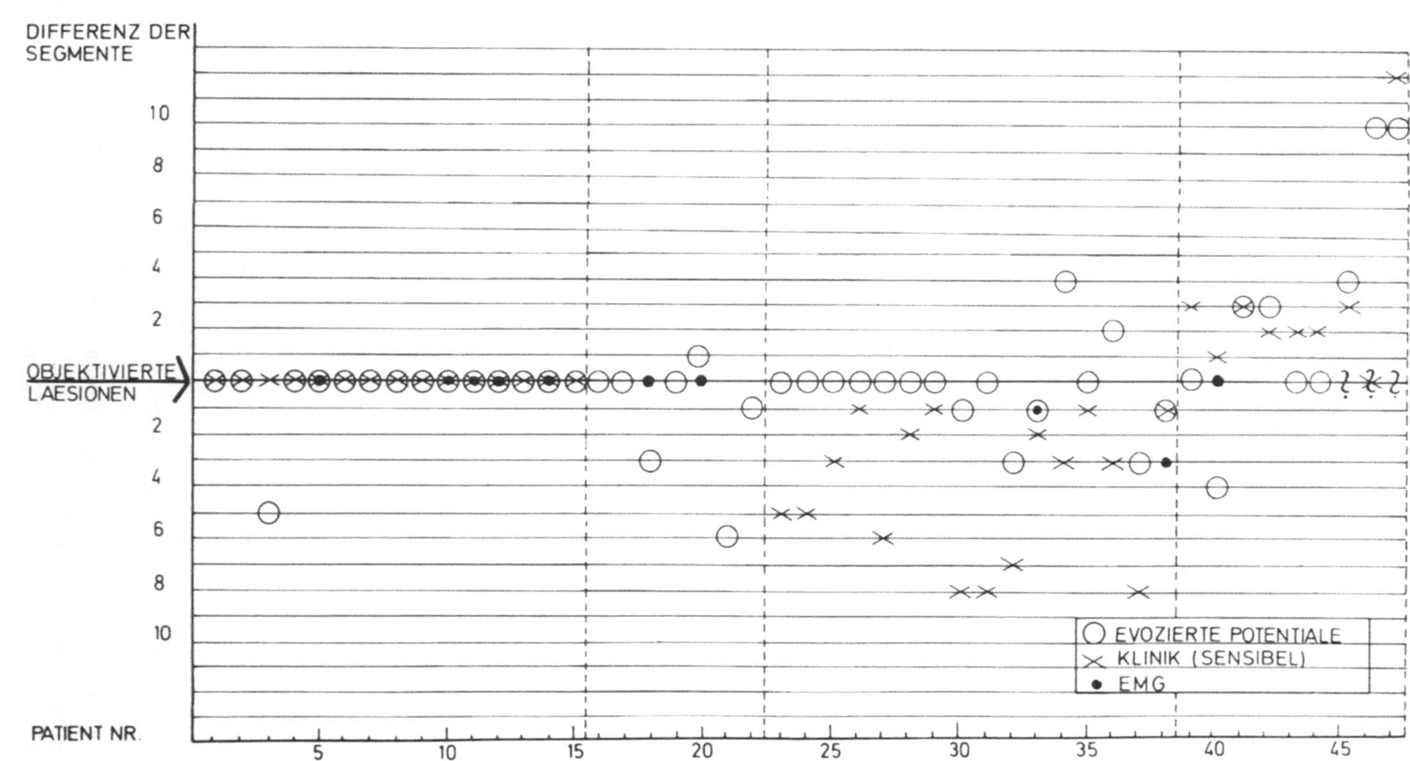

grenze und die objektivierte Läsionshöhe auf. Bei der zweiten Patientengruppe (7) waren keinerlei Sensibilitätsstörungen nachweisbar. Die beiden letzten Gruppen (16 bzw. 9 Patienten) unterscheiden sich dadurch, daß die klinisch gefundene craniale Sensibilitätsgrenze unterhalb bzw. oberhalb der objektivierten Rückenmarksschädigung liegt.

Es zeigt sich nun in der *ersten Gruppe der Tabelle 5*, daß in 14 Fällen die klinische Sensibilitätsgrenze und die mit Hilfe der SRAP gefundenen Querschnittssegmente genau mit dem objektiven Befund übereinstimmen. Dabei wurden Differenzen von einem Segment insbesondere bei der cervicalen Myelopathie mit ihren multiplen Schädigungsmechanismen (Protrusionen) noch nicht als abweichender Befund angesehen. Nur in einem Falle mit einem Meningeom bei C 1—C 3 und entsprechender Sensibilitätsgrenze war der pathologische SRAP-Befund erst ab C 7 nachweisbar.

Bei sieben Patienten (*Gruppe 2 der Tabelle 5*) war die Sensibilitätsprüfung ohne pathologischen Befund; die SRAP-Auswertung deckte in jedem Falle die noch latente Störung im afferenten System auf, wobei die elektrosensible Querschnittsgrenze in drei der sieben Fälle genau dem Operationsbefund entsprach. Bei dem Patienten mit einer Höhendifferenz von einem einzigen elektrosensiblen Segment war der objektivierte Schädigungsort bei C 3. Diese Differenz ist methodisch bedingt, da wegen des übergroßen Reizeinbruches die ersten zwei Cervicalsegmente (C 2 und C 3) nicht elektrisch stimuliert werden.

In 16 Fällen (*Gruppe 3*) lag die klinische Sensibilitätsgrenze deutlich unterhalb desjenigen Segments, in dem durch Operations- oder Myelographie-Befund der den Querschnitt verursachende Prozeß lokalisiert wurde. Das elektrosensible Querschnittssegment entsprach in neun Fällen genau der Höhe der Kompression, in drei weiteren Fällen betrug die Differenz nicht mehr als ein Rückenmarkssegment. Bei fünf der sieben Patienten mit unterschiedlichem elektrosensiblem und objektiviertem Höhenbefund zeigte sich der klinische Sensibilitätsbefund noch immer unterlegen, in einem weiteren Fall war der klinische und SRAP-Befund gleichwertig und entsprach bis auf ein Segment der objektivierten Höhenlokalisation.

In der *letzten Gruppe der Tabelle 5* wurde die obere klinische Sensibilitätsgrenze oberhalb der objektivierten Läsion bestimmt. Die erheblichen segmentalen und elektrosensiblen Höhendifferenzen bei den letzten drei Patienten rechts in der Tabelle sind wegen der subtotal operierten Tumoren (Ependymom) bzw. unvollständiger Sektion (Metastasierung) mit einem Fragezeichen versehen.

Läßt man die letzten drei Patienten einmal außer acht, so kann man **zusammenfassend** sagen, daß bei den 44 Patienten mit einem raumfordernden spinalen Prozeß 29mal der elektrosensible und der objektivierte Querschnittsbefund übereinstimmten; 15mal dagegen entsprach die klinische Sensibilitätsgrenze dem pathologisch-anatomischen Höhenbefund. Bei sieben Patienten fand sich wohl ein elektrosensibler Querschnittsbefund, die Sensibilität war aber nicht gestört. Die klinische craniale Sensibilitätsbestimmung war nur in 4 von 44 Fällen dem elektrosensiblen Höhenbefund überlegen.

Der *Vergleich der SRAP-Befunde und der klinischen Sensiblitätsgrenze* zeigt, daß Läsionen des Rückenmarks auch dann schon zu Störungen der afferenten Bahnen und folglich zu SRAP-Veränderungen führen, wenn die gestörte Nervenfunktion dem Patienten noch nicht als subjektive Sensibilitätsstörung imponiert und bei der klinischen Sensibilitätsprüfung noch kein pathologischer Befund erhoben werden kann. Dies entspricht dem Verhalten der NLG beim Carpaltunnelsyndrom, bei dem die sensible Leitungsgeschwindigkeit schon vor dem Nachweis objektiver Sensibilitätsstörungen lokal verzögert sein kann. In Übereinstimmung mit unseren SRAP-Befunden fand Namerow (1968, 1970) bei Patienten mit multipler Sklerose corticale Potentialveränderungen nach Nervenstammreizung auch dann noch, wenn sich nach einem akuten Schub die subjektiven und objektiven Sensibilitätsstörungen schon wieder zurückgebildet hatten.

Weist man also bei Rückenmarkserkrankungen die beschriebenen SRAP-Befunde, d.h. insbesondere ein elektrosensibles Querschnittssegment, nach, und ist eine periphere oder cerebrale afferente Störung ausgeschlossen, so darf man vermuten, daß im Rückenmark oberhalb oder in Höhe des gereizten Segmentes eine afferente Störung besteht, welche für die neurologische Symptomatik verantwortlich sein kann. Dies gilt auch dann, wenn die klinisch gefundene Sensibilitätsgrenze nicht bis in die Höhe dieses Segmentes reicht. Immer ist aber bei der *Bewertung der oberen spinalen elektrosensiblen Grenze* zu beachten, daß auch einzelne SRAP-Befunde schon auf eine Störung oberhalb der später gefundenen Rückenmarkserkrankung hindeuten (s. Tabelle 5, Gruppe 3 und 4). Da alle vier Patienten mit einer elektrosensibel um zwei bis vier Segmente höheren Rückenmarksgrenze an Tumoren operiert wurden, ist zu diskutieren, ob als Genese der SRAP-Veränderungen ein Begleitödem, eine Stauungsvaricosis oder eine arterielle Durchblutungsminderung in Frage kommt.

Ein Zusammenhang zwischen einer *spezifischen Ätiologie* der Rückenmarkskompression und *bestimmten SRAP-Veränderungen* ist nicht nachzuweisen. Dies ist auch nicht zu erwarten, da die SRAP nur Zeichen einer intakten oder gestörten Funktion des ganzen afferenten Systems sind, unabhängig davon, was diese Störungen im einzelnen herbeigeführt hat. So ist auch die Frage ungeklärt, ob mehr hypoxische, mechanische oder biochemische Momente zur Störung der afferenten Leitungen führen. Es ist nur zu erwarten, daß axonale Schäden sich eher durch einen SRAP-Verlust und Myelinscheidenläsionen primär durch Leitungsverzögerungen zu erkennen geben.

Demgegenüber können aber *die Stärke und die Art der jeweils betroffenen elektrosensiblen Segmente einen lokalisatorischen Hinweis* geben. So wird schon klinisch bei der *cervicalen Myelopathie* von der führenden Symptomatik her deutlich, daß die motorischen Bahnen betroffen sind (Jörg, 1974). Elektrosensibel sind oft auch bei fehlenden Sensibilitätsstörungen, Para- oder Tetraspastik und geringen distalen schlaffen Paresen an den oberen Extremitäten die Reizantwortpotentiale querschnittsartig ab den unteren Cervicalsegmenten pathologisch, oder sie fehlen völlig. Auffallenderweise kann man nun in einzelnen Fällen in den unteren Lumbalsegmenten wieder eine bessere SRAP-Ausprägung nachweisen. Diese wieder bessere Potentialausprägung in den Segmenten L 4–L 5 veranlaßt zu der Vermutung, daß die spinale Störung eine mehr ventrale Lokalisation haben muß und demzufolge die am meisten dorsal verlaufenden Hinterstrangbahnen der unteren Extremitäten am geringsten betroffen sind.

Zeigen sich bei chronischen, nur langsam progredienten Querschnittssyndromen elektromyographisch in den Kennmuskeln der oberen Extremitäten geringe Denervierungszeichen auch ohne deutliches nucleäres Aktivitätsmuster und sind die sensible und motorische NLG im Normbereich, so darf man bei elektrosensiblem Querschnittsbefund im unteren Cervicalbereich und leichter SRAP-Besserung in den unteren Lumbalsegmenten *elektrodiagnostisch die Verdachtsdiagnose „Cervicale Myelopathie bzw. chronisch progredienter raumfordernder intraspinaler Prozeß mit bevorzugt ventraler Lokalisation"* stellen.

Bei einer solchen Befundkonstellation war es uns in einigen Fällen trotz fehlender oder viel weiter caudal nachweisbarer Sensibilitätsstörungen möglich, zur Operations-

Indikation beizutragen. Letzteres war um so mehr erlaubt, als bei cervicalen Osteochondrosen und Protrusionen der Myeloscintigraphiebefund nahezu immer ohne Aussagekraft ist und die Myelographie mit positiven Kontrastmitteln durch die schon altersmäßig „normalen" HWS-Veränderungen erschwert auswertbar sein kann. Selbst wenn aber auch ein sicher verzögerter Abfluß des Kontrastmittels deutlich wird, ist immer zu bedenken, daß damit keine direkte, sondern nur indirekte Zeichen einer Rückenmarksalteration angezeigt werden.

Bei drei der 14 Patienten mit einer cervicalen Myelopathie war das elektrosensible Querschnittssegment nun aber nicht im unteren oder mittleren Cervicalbereich, sondern in Höhe von D 2—D 3 nachweisbar. Als Beispiel seien an Hand der Abb. 22 der Krankheitsverlauf und die erhobenen Befunde einer 60jährigen Patientin geschildert.

Zur Anamnese war zu erfahren, daß erstmals vor eineinhalb Jahren ein Kälte- und Steifheits-Gefühl am rechten Zeigefinger auftrat, welches sich langsam über die gesamte Hand ausbreitete. Da sich im weiteren Verlauf eine Schwäche im rechten Bein und Miktionsstörungen einstellten, wurde in einer auswärtigen Klinik der Verdacht einer MS geäußert. Trotz entsprechender therapeutischer Maßnahmen nahm die Schwäche im rechten Bein weiter zu, und es kam zuletzt auch zu Schmerzen im linken Bein.
Neurologisch fanden sich die Zeichen einer rechts betonten Tetraspastik, Sensibilitätsstörungen ließen sich aber nicht nachweisen.
Der lumbale Liquor war mit 48 mg% Gesamt-Eiweiß noch normal. Röntgenaufnahmen der HWS erbrachten eine erhebliche Spondylochondrose mit Verschmälerung der Zwischenwirbelräume C 5—C 6 und mäßiger Einengung der Foramina intervertebralia, besonders rechts in Höhe von C 5—C 6.
Elektromyographisch fanden sich beidseitig diskrete Denervierungspotentiale bei C 5—C 6.
Die Luftmyelographie ergab geringe Protrusionen bei HWK 4—5 und deutliche Protrusionszeichen bei HWK 5—6 und 6—7.
Elektrosensibel fand sich beidseitig das Querschnittssegment bei D 2 und D 3 und lumbal war auf beiden Seiten wieder eine Besserung der SRAP-Veränderungen zu erkennen.
Die Laminektomie bestätigte die Verdachtsdiagnose „Cervicale Myelopathie". Postoperativ war eine leichte Besserung der Gehstörung zu beobachten.

Der auffallende Befund besteht bei der Patientin darin, daß, ebenso wie bei zwei weiteren Patienten mit cervicaler Myelopathie, der *elektrosensible Querschnittsbefund nicht in den Cervicalsegmenten, sondern eindeutig bei D 2—D 3* nachzuweisen ist. Dies steht im Gegensatz zu den übrigen elf Patienten mit einer cervicalen Myelopathie. Da bei spinalen Durchblutungsstörungen ebenfalls bevorzugt die oberen Thoracalsegmente betroffen sind (s. Kapitel V.1.b) und dieser Bereich als hämodynamische Grenzzone im Rückenmark anzusehen ist (Bartsch u. Hopf, 1963; Jörg et al., 1976), darf man annehmen, daß bei diesen drei Patienten die gefundene obere thoracale Segmenthöhe durch eine Alteration eines radiculären cervicalen Hauptzuflusses oder durch eine vasculäre mechanische Beeinträchtigung im spinalen Bereich zu erklären ist. Zu belegen wäre diese Vermutung aber nur durch eine entsprechende operative Exploration der spinalen ventralen Gefäßverhältnisse, welches in den vorliegenden Fällen unterblieb. Auch wäre dieser vasculäre Schädigungsmechanismus nur als zusätzliche Genese der Symptomatikentstehung anzusehen, und es sollen damit keinesfalls die biomechanischen Gegebenheiten als wesentliche Ursache der medullären Schädigung in Frage gestellt werden.
Die präoperativ erhobenen elektrosensiblen Querschnittsbefunde konnten bei Patienten mit einem raumfordernden spinalen Prozeß leider nur in wenigen Fällen auch postoperativ kontrolliert werden. Als Beispiel für eine auch elektrosensibel nachzuweisende Besserung sei auf die *prä- und postoperativen SRAP-Befunde* in der Abb. 23 verwiesen.

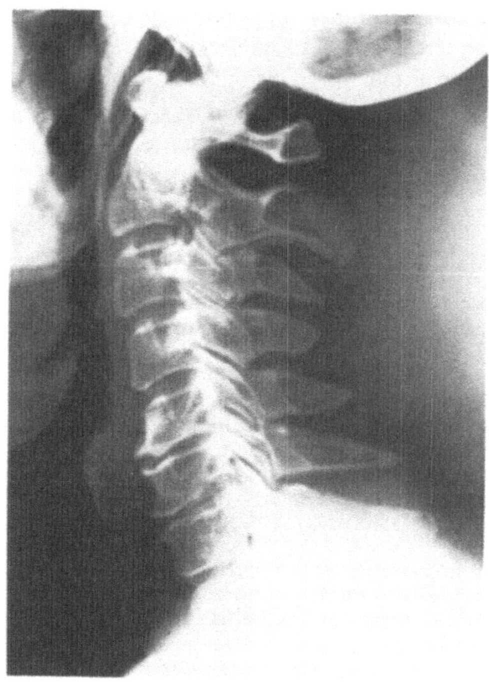

a

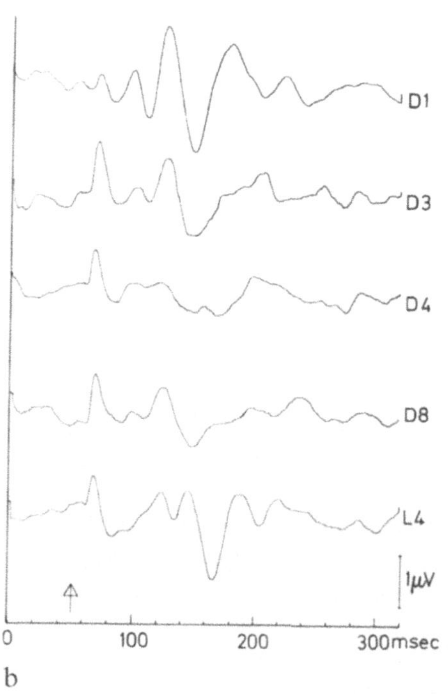

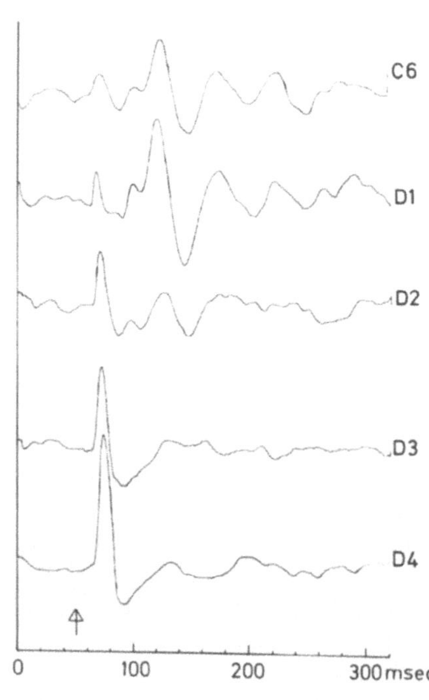

b

Abb. 22 a und b. Röntgenleeraufnahme der HWS und elektrosensibler Befund einer 60jährigen Patientin mit cervicaler Myelopathie: (a) Röntgenologisch deutliche Spondylochondrosezeichen mit besonderem Betroffensein von C 5 −C 6. (b) Querschnittssyndrom bei D 2/D 3. *Links:* Bei D 3 sind die Latenzen von Maximum I und III, bei D 8 nur von Maximum I bei fehlendem Maximum III verschoben. D 4 zeigt eine deutliche SRAP-Reduktion, und das nach Reizung in L 4 gewonnene SRAP weist ausgeprägte Latenzverschiebungen auf. *Rechts:* Bei D 2 ist Maximum III nicht mehr sicher nachweisbar. D 3 und D 4 zeigen eine weitgehende Reduktion des Antwortpotentials

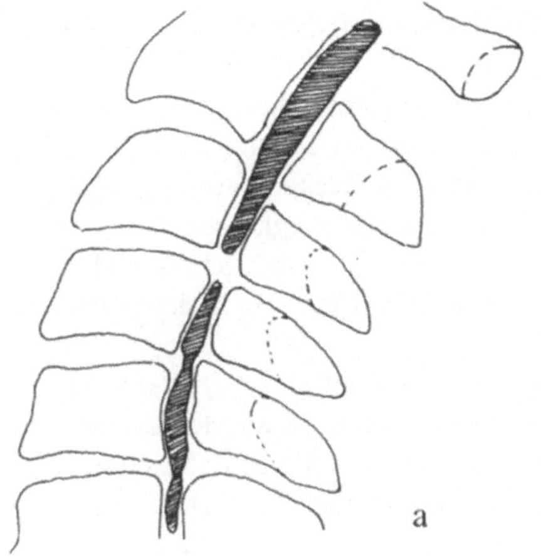

Abb. 23 a und b. Myelographiebefund im Cervicalbereich und elektrosensibles Querschnittssegment bei D 4. (a) Myelographie mit Luft (nach Original schematisiert) erbringt multiple cervicale Bandscheibenprotrusionen ohne ausgeprägtere Abflußverzögerung. Auch im oberen Thoracalbereich ist keine Abflußbehinderung zu finden. (b) Elektrosensibles Querschnittssegment bei D 4 vor der Operation und Normalisierung der D 4-SRAP-Amplituden nach der Operation (die übrigen untersuchten Segmente sind hier nicht abgebildet)

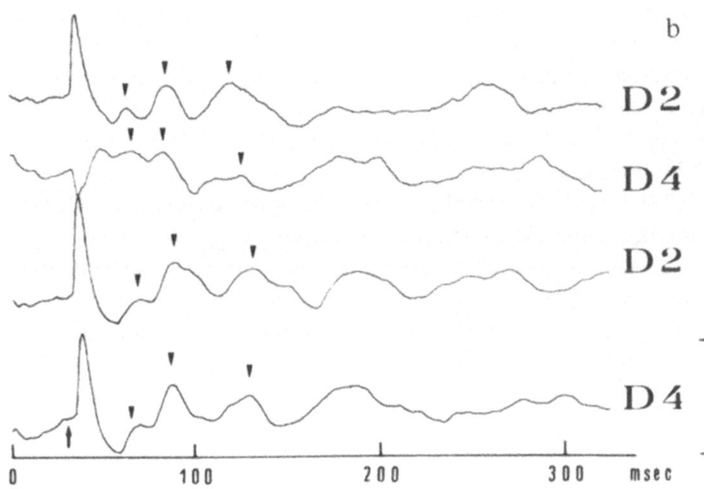

Klinisch bestand eine progrediente Tetraspastik ohne Sensibilitätsstörungen, der lumbale Liquor zeigte im Gegensatz zum Suboccipitalliquor eine Eiweißerhöhung auf 87,5 mg%. Die cervicale Myelographie mit Dimer X deckte wohl eine Abflußverzögerung und ausgeprägte Protrusionen auf, ein Stop war aber ebenso wie mit der Myeloscintigraphie nicht nachweisbar. Der Operationsbefund bestätigte die Verdachtsdiagnose multipler cervicaler Bandscheibenprotrusionen.

In der *Literatur* wurde die elektrische Hautsegmentreizung und die Auswertung der SRAP zur Rückenmarksdiagnostik bisher nur von Mortier (1974) bei Kindern im Alter zwischen 6 und 13 Jahren beschrieben. Er konnte trotz der recht häufigen Versager, die er ursächlich mit Muskelverspannung oder Bewegungsunruhe in Zusammenhang brachte, die Möglichkeit einer exakten Höhenlokalisation bei Querschnittssyndromen bestätigen. Oester et al. (1972) fanden nach der Operation eines Rückenmarkstumors nach beidseitiger Fibularisreizung fehlende corticale RAP trotz normaler NLG, und sie betonten, daß sich mit der klinischen Besserung auch wieder ein SRAP mit noch ausgeprägter Latenzverzögerung nachweisen ließ. Bei Myelomeningocelen konnte Blair (1971) einen Potentialverlust nach Tibialisreizung aufzeigen; er betont aber, daß die Unregelmäßigkeit der corticalen Potentiale von Neugeborenen die Methodik in diesen Fällen für die klinische Anwendung unbrauchbar macht.

Soweit weitere RAP-Ergebnisse nach Nervenstammreizung bei Patienten mit einem raumfordernden spinalen Prozeß in der Literatur beschrieben wurden, lag der Schwerpunkt der Untersuchungen nicht auf der Höhendiagnostik der Rückenmarksschädigung, sondern es wurde die Art der RAP-Veränderungen mit der klinisch ggf. nachweisbaren Sensiblitätsstörung in Beziehung gebracht (Halliday u. Wakefield, 1963, bei zwei Meningeomen und zwei Patienten mit cervicaler Spondylose; Giblin, 1964, bei basilärer Invagination und cervicaler Spondylose).

Will man die beschriebenen SRAP-Ergebnisse bei Patienten mit einem Querschnittssyndrom auf dem Boden eines raumfordernden spinalen Prozesses **zusammenfassend** *werten*, so ist festzustellen, daß sich in keinem Falle ein normaler SRAP-Befund fand, wenn klinisch ein typisches Querschnittsbild vorlag, und die vermutete Ursache auch operativ, röntgenologisch oder durch Sektion bestätigt werden konnte. Es kann demzufolge bei normalem SRAP-Befund ein Querschnittssyndrom mit großer Sicherheit ausgeschlossen und andererseits bei Potentialverlust oder bestimmten Potentialveränderungen das Vorliegen einer spinalen Querschnittsläsion ggf. auch trotz fehlender Sensibilitätsstörungen wahrscheinlich gemacht werden.

Eine sichere Aussage über die Höhenlokalisation ist insbesondere auch unter Hinzuziehung des EMG- und NLG-Befundes möglich.

Es bleibt zu hoffen, daß sich auch die risikolose Anwendung der segmentalen SRAP, besonders in der Rückenmarksdiagnostik, zunehmender Nachahmung erfreut und sich so durch ein ständig größeres Patientengut noch aussagekräftigere Vergleichsmöglichkeiten zwischen elektrosensiblem und pathologisch-anatomischem Befund ergeben. Erst dann wird auch ein wertender Vergleich zwischen Myelographiebefund und der Höhe des elektrosensiblen Querschnittssegmentes möglich sein.

b) Spinale Durchblutungsstörungen

Acht Patienten mit einem sogenannten *Spinalis anterior-Syndrom* und je ein Patient mit einer *vasculären Myelopathie* bzw. einem *Hinterwurzelarteriensyndrom* wurden klinisch und elektrosensibel untersucht. In allen Fällen fand sich das elektrosensible Querschnittssegment in der Höhe von D 1—D 4. Als Beispiel sei der Befund einer 27jährigen Patientin mit einem *Spinalis anterior-Syndrom auf dem Boden einer luischen Arteriitis* beschrieben, bei welcher bis zum Nachweis der pathologischen SRAP differentialdiagnostisch auch eine hysterische Lähmung erwogen worden war (s. Abb. 24).

Frau H.M. bemerkte plötzlich im Sitzen eine Kraftminderung und Taubheit in beiden Beinen. In einem auswärtigen Krankenhaus wurden eine schlaffe Parese mit Auslösbarkeit aller Eigenreflexe, eine Anaesthesie ab D 6 beiderseits und eine Stuhl- und Harninkontinenz festgestellt.

Neurologisch bestanden neun Tage später bei der stationären Aufnahme ein etwas unbeholfener Gang mit mangelnder Abrollbewegung der Füße, normal auslösbare Eigenreflexe an den Beinen bei negativem Babinśkischem Phänomen, fehlende BHR und eine dissoziierte Sensibilitätsstörung für Schmerz und Temperatur rechts ab D 6 und links ab D 8.

Die üblichen Laboruntersuchungen waren bis auf positive luesspezifische Reaktionen bei mehrfachen Kontrollen im Serum normal. Im Liquor fanden sich 18/3 Lymphocyten bei 32 mg% Gesamt-Eiweiß.

Sieben Tage nach der elektrosensiblen Untersuchung, welche einen sicheren Querschnittsbefund ab D 3 ergab, war die neurologische Untersuchung ohne nachweisbare Normabweichung, insbesondere waren keinerlei Sensibilitätsstörungen für Schmerz und Temperatur mehr zu finden. Zur Zeit des elektrosensiblen Querschnittsbefundes bei D 3 fand sich linksseitig erst ab D 8 (!) eine dissoziierte Sensibilitätsstörung für Schmerz und Temperatur.

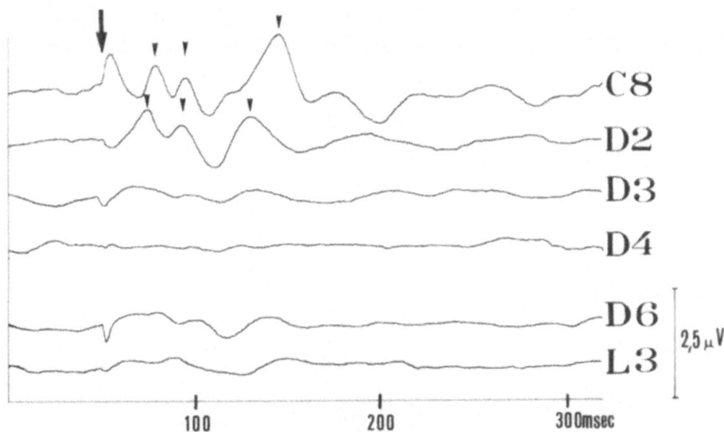

Abb. 24. Elektrosensibler Querschnitt (D 3) im Bereich der hämodynamischen Grenzzone bei einer 27jährigen Patientin mit einer luischen Arteriitis und dem klinischen Bild eines Spinalis anterior-Syndroms. Diagnostisch wurde bis zur SRAP-Ableitung wegen der (wieder) fehlenden Paresen, den auslösbaren Eigenreflexen an den Beinen und der demonstrativen Ausgestaltung auch eine hysterische Lähmung erwogen. Sensibel fand sich zur Zeit der SRAP-Auswertung noch eine dissoziierte Sensibilitätsstörung für Schmerz und Temperatur rechts ab D 6 und links ab D 8. (Unveröffentlicht)

Die querschnittsartigen *SRAP-Veränderungen bei spinalen Durchblutungsstörungen* zeigen im Vergleich zu den Ergebnissen bei Rückenmarkstumoren keinerlei charakteristische Merkmale. Auch bei dissoziierten Sensibilitätsstörungen für Schmerz und Temperatur waren zwar häufiger als bei epikritischen Störungen vorwiegend nur Latenzverzögerungen zu beobachten, doch fanden sich in anderen Fällen auch alle anderen pathologischen SRAP-Befunde oder gar ihr völliges Fehlen (s. Abb. 24).

Das *bevorzugte Betroffensein der oberen Thoracalsegmente* wird zwar elektrosensibel und auch klinisch deutlich, doch läßt es sich, wie auch das Beispiel zeigt, mit Hilfe der SRAP-Befunde am markantesten feststellen. Die elektrosensiblen Querschnittsbefunde liegen nämlich gegenüber den klinischen (meist dissoziierten) Sensibilitätsstörungen in fünf Fällen weiter cranial (thoracal) und nur in zwei Fällen um zwei bzw. vier Segmente caudaler. Den neun elektrosensiblen Querschnittssegmenten, die im Bereich von D 1 – D 4 zu finden waren, standen klinisch eine obere Sensibilitätsgrenze im Bereich von C 8 – D 6 gegenüber. Insgesamt kann man, von den einzelnen Segmentdifferenzen abgesehen, eine gute klinische und elektrosensible Übereinstimmung bei den vasculären Querschnittssyndromen feststellen.

Die hämodynamische Grenzzone im oberen Thoracalmark konnten wir auch in gemeinsamen Untersuchungen mit Baust und Körfer (1976) bei *Patienten mit schweren cardiovasculären Erkrankungen* nachweisen. Sieben von 21 untersuchten Patienten (davon 19 mit Herzvitien) wiesen trotz fehlender Sensibilitätsstörungen einen querschnittsartigen SRAP-Befund ab dem oberen Rumpfbereich auf. Bei fünf dieser sieben Patienten war der pathologische SRAP-Befund allerdings nur auf den Rumpfbereich beschränkt, wie es Bartsch und Hopf (1963) auch klinisch durch Temperatursinn-Störungen in diesem thoracalen Bereich bei einem ähnlichen Krankengut aufzeigen konnten. Als dafür typisches SRAP-Beispiel sei auf die Abb. 25 verwiesen, welche einen *„rumpfförmigen SRAP-Querschnitt"* einer 46jährigen Patientin mit einem kombinierten Mitralvitium Grad 3, absoluter Arrhythmie mit Vorhofflimmern und regelrechtem neurologischem Befund zeigt.

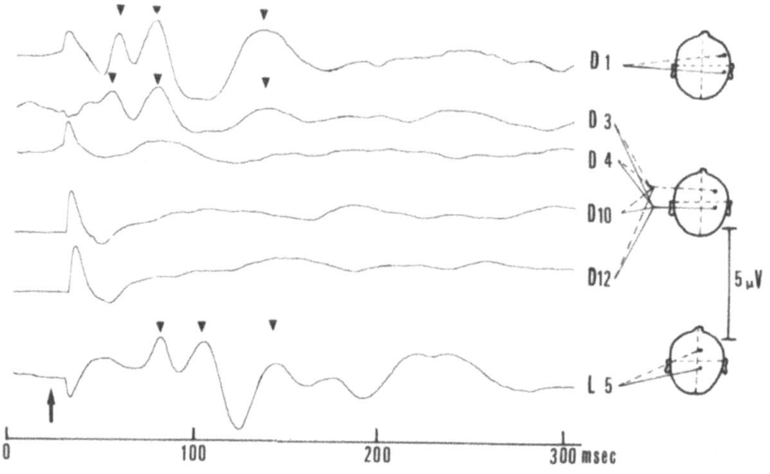

Abb. 25. Elektrosensibler rümpfförmiger Querschnitt von D 4–D 12 links bei einer 46jährigen Patientin. Klinisch bestanden ein kombiniertes Mitralvitium Grad 3, eine absolute Arrhythmie mit Vorhofflimmern und ein regelrechter neurologischer Befund. Auch Schmerz- und Temperatur-Wahrnehmungsstörungen waren im Rumpfbereich nicht zu finden. Das EEG zeigte einen 10 bis 11 sec-Grundrhythmus ohne Herdbefund. (Nach Jörg et al., 1976)

Die pathologischen SRAP-Befunde von sensibel ungestörten Hautregionen weisen auf eine *latente Störung der afferenten Bahnen* im thoracalen Bereich hin; da das erste pathologische SRAP immer in einem der oberen Thoracalsegmente zu finden ist, wird die Annahme bekräftigt, daß sich vasculäre Rückenmarksschäden — seien sie primär cardiovasculär oder spinal vasculär bedingt — überwiegend im oralen Brustmark als hämodynamischer Grenzzone der beiden spinalen Hauptstromgebiete lokalisieren lassen (Jörg et al., 1976).

Umgekehrt läßt sich aber aus einem elektrosensiblen Querschnittssegment im oberen Thoracalbereich nicht auf eine primär vasculäre Genese im Sinne eines Spinalis anterior-Snydroms schließen.

Differentialdiagnostisch ist nämlich zu beachten, daß intraspinale Tumoren, Rückenmarks-Traumata oder Protrusionen bei der cervicalen Myelopathie sekundär vasculäre Schäden am Rückenmark hervorrufen können und dann klinisch wie elektrosensibel der

Querschnittsbefund in seiner Höhenaussage nicht der eigentlichen Lokalisation der Raumforderung zu entsprechen braucht.

Zur *Genese der SRAP-Veränderungen* ist festzuhalten, daß bei spinalen Durchblutungsstörungen pathologisch-anatomisch meist nur die spinothalamischen Bahnen betroffen werden und die Hinterstränge aufgrund anderer vasculärer Versorgungsmechanismen ganz oder überwiegend ausgespart sind. Hieraus könnte man schließen, daß schon die isolierte, ggf. klinisch noch latente Störung der spinothalamischen Bahnen zu SRAP-Veränderungen oder völligem SRAP-Verlust führen kann. Da aber bei dissoziierten Sensibilitätsstörungen häufig ausgeprägte Latenzverzögerungen zu finden sind, kann man auch vermuten, daß im wesentlichen die im Tractus spinothalamicus mitgeführten und am schnellsten leitenden Bahnen für die Berührungsempfindung zu dieser SRAP-Veränderung beitragen.

Die Klärung dieser Frage steht noch aus; kein Zweifel besteht aber hinsichtlich der Tatsache, daß reine dissoziierte Sensibilitätsstörungen nach Hautreizung zu deutlichen pathologischen SRAP-Veränderungen führen.

c) Traumatische Querschnittssyndrome

Untersuchungen bei irreversiblen Rückenmarkstraumata mit Beteiligung der sensiblen Bahnen lassen die gleichen elektrosensiblen Querschnittsbefunde erwarten, wie sie bei Erkrankungen mit Rückenmarkstumoren beschrieben sind.

Eigene Untersuchungen liegen allerdings, wenn man von nicht immer gesicherten Begutachtungsfällen absieht, nicht vor. Blair (1971) und Perot (1973) konnten diese Annahme aber selbst mit der verwandten Nervenstimulation bei traumatischen Querschnitten bestätigen. Darüber hinaus wies Perot auch bei inkompletten spinalen Läsionen und der Reizung des N. medianus, N. fibularis und N. suralis nach, daß die corticalen RAP-Veränderungen gut mit den klinischen Befunden in Einklang zu bringen sind und sie daher als ein „extrem sensibler Indikator für Rückenmarksschäden" angesehen werden dürfen.

In diesem Sinne äußert sich auch eine Arbeitsgruppe um Croft (1972), welche an Katzen die corticalen Reizantwortpotentiale nach Fibularisreizung vor, unter und nach einer experimentellen lokalen Gewichtsbelastung des Rückenmarks untersuchte.

Im Gegensatz zu diesen eindrucksvollen RAP-Befunden nach Nervenstimulation konnten Halliday und Wakefield (1963) bei dissoziierten Sensibilitätsstörungen auf dem Boden eines Nackentraumas bei C 6–C 8 und bei einer Hämotomyelie keinerlei RAP-Veränderungen finden. Auch Giblin (1964) hat bei einem anfänglich quadriplegischen Patienten und noch bestehender Vibrationssinnstörung nach N. fibularis-Reizung normale SRAP beschrieben. Ob in beiden Fällen die Dermatomreizung bessere Korrelationen zwischen bestehender Sensibilitätsstörung und SRAP-Befund erbracht hätte, muß unter Berücksichtigung der aussagekräftigen Ergebnisse von Perot (1973) mit Nervenstammreizung bezweifelt werden. Man darf eher annehmen, daß die Ursache der negativen Ergebnisse von Giblin (1964) und Halliday und Wakefield (1963) in der noch unvollkommenen methodischen Ausstattung und den damals noch unzureichenden Auswertebestimmungen für die einzelnen Latenzen und Amplituden zu suchen ist.

Will man den elektrosensiblen Querschnittsbefunden auch einen *differentialdiagnostischen Aussagewert* zukommen lassen, so muß man bei den reversiblen und irreversiblen spinalen Schädigungen traumatischer Genese die klinischen und pathologisch-anatomischen Ergebnisse von Tönnis (1963) berücksichtigen. Er konnte insbesondere mit der Sensibilitätsprüfung den großen Einfluß vasculärer Sekundärschäden nachweisen, da unabhängig von dem Ort des Wirbelsäulentraumas die craniale Sensibilitätsgrenze häufig in Höhe des oberen Thoracalmarkes zu finden war. Diese Zone stellt aber einen hämodynamischen Grenzbezirk im Sinne der „letzten Wiese" von Schneider dar.

Falls es sich erweist, daß die elektrosensible Untersuchung von traumatischen Querschnittssyndromen ebenfalls oft unabhängig von der Lokalisation des Wirbelsäulen- und Rückenmarkstraumas ihr Querschnittssegment im oberen Thoracalbereich aufweist, so wäre es falsch, aus dem Ort des elektrosensiblen Querschnittssegmentes weitreichendere differentialdiagnostische Erwägungen ziehen zu wollen. Man darf wohl in solchen Fällen die vasculäre Genese diskutieren, es ist aber sicher nicht möglich, elektrosensibel einen primär traumatischen von einem primär vasculären Querschnittsbefund zu unterscheiden.

2. Entzündliche, degenerative und Stoffwechsel-Erkrankungen

a) Encephalomyelitis disseminata

Die multiple Sklerose stellt meist dann ein differentialdiagnostisches Problem dar, wenn sie mit isolierter Paraspastik ohne schubweisen Krankheitsverlauf, uncharakteristischer Anamnese und fehlender cerebraler Beteiligung einhergeht. In solchen Fällen kann die herdförmige Demyelinisation im Rückenmark trotz fehlender axonaler Destruktion zu pathologischen SRAP-Veränderungen führen. Oft sind die pathologischen Potentialveränderungen, insbesondere ausgeprägte Latenzverzögerungen, auch ohne klinische Sensibilitätsstörungen zu finden. Sie sind typischerweise in wechselnd starker Ausprägung über verschiedene Rückenmarkssegmente verteilt.

Wie die auszugsweise dargestellten SRAP-Befunde eines Patienten mit einer multiplen Sklerose in Abb. 26 zeigen, ist C 6 normal ausgeprägt, C 7 weist eine Amplitudenminderung und Latenzverzögerung aller Spitzen auf, bei C 8 sind die ersten zwei Spitzen erniedrigt und deutlich verbreitert, während die L 5-Reizung wieder ein normales SRAP erbringt. Bei normaler sensibler NLG muß hier eine *spinal lokalisierte, disseminierend die afferenten Bahnen betreffende Störung* angenommen werden. Nur selten war bei einer multiplen Sklerose mit spinaler Symptomatik ein querschnittsartiger SRAP-Befund nachzuweisen; klinisch korrespondierte dieser Befund dann meist mit dem Bild einer Querschnittsmyelitis.

Auch Baker et al. (1968) konnten bei MS-Kranken SRAP-Veränderungen ohne eine Sensibilitätsstörung nachweisen, und sie fanden dann meist ausgeprägte Latenzverzögerungen und eine Tendenz zu einem Komponentenverlust mit einer eher monophasischen Wellenform (s. dazu auch Abb. 26, Segment C 8). Namerow (1968, 1970) hat sich bei MS-Patienten mit dem RAP nach Medianusreizung beschäftigt. Er konnte neben einer Beziehung zwischen dem Schweregrad einer Sensiblitätsstörung und dem *Grad der SRAP-Veränderung* auch dann noch deutliche Latenzverzögerungen feststellen, wenn sich die anfängliche Sensiblitätsstörung schon wieder zurückgebildet hatte. Dieses Nachhinken der SRAP-Veränderungen hinter der klinischen Rückbildung bezog Namerow auf die demyelinisierten und folglich noch langsamer leitenden Plaques im Bereich der afferenten Rückenmarksbahnen.

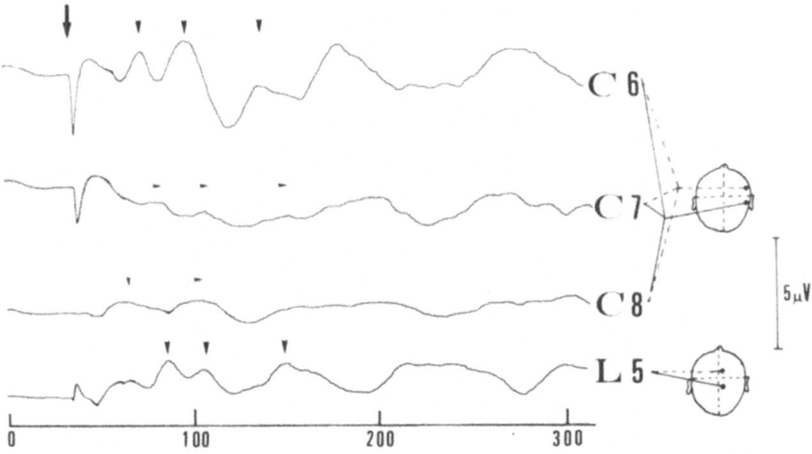

Abb. 26. Linksseitige SRAP-Befunde von C 6, C 7, C 8 und L 5 einer 48jährigen Patientin mit dem typischen Krankheitsbild einer multiplen Sklerose. (Nach Jörg, 1976, im Druck)

Der Nachweis einer ggf. klinisch latenten afferenten Störung im Rückenmark gelang Namerow auch durch Applikation von Doppelreizen. Bei MS-Patienten war schon bei einer Interstimuluszeit von 60 msec und weniger eine Latenzverzögerung der zweiten SRAP-Antwort festzustellen und somit eine gegenüber Normalpersonen deutlich *größere relative Refraktärzeit* nachweisbar. Ergebnisse mit dem gleichen Aussagewert erbrachten auch die Untersuchungen mit „Stimulus-Trains" am peripheren Nervenstamm, wie dies Sclabassi et al. (1974) berichtet haben.

Ebenso wie die somatosensorische RAP auch schon bei subklinischen demyelinisierenden Rückenmarkserkrankungen verändert sein können (Desmedt u. Noel, 1973), konnte Namerow (1972) bei MS-Patienten am *optischen System* selbst dann noch signifikante Latenzverzögerungen oder Komponentenverluste aufzeigen, wenn sich eine vor Jahren abgelaufene Retrobulbärneuritis klinisch wieder voll zurückgebildet hatte. Die Annahme von Namerow, daß sich eine unklare Paraspastik mit Hilfe der optischen RAP als ätiologisch zur MS zugehörig abgrenzen läßt, möchten wir allerdings aufgrund erster eigener Befunde insbesondere wegen der großen interindividuellen Variabilität der optischen RAP bezweifeln.

Findet man bei einem klinischen Querschnittssyndrom mit Verdacht auf MS auch ein elektrosensibles Querschnittssegment, so muß allerdings bei der SRAP-Befundung bedacht werden, daß peripher neurogene Störungen, wie z.B. eine Polyneuropathie, gleiche SRAP-Veränderungen hervorrufen können. Zur elektrosensiblen Differenzierung kann dann an den unteren Extremitäten ein *elektrodiagnostischer Untersuchungsgang* notwendig werden, wie er auf der Abb. 27 skizziert ist.

Nach Reizung der Großzehe erhält man normal geformte sensible NAP vom N. tibialis am Malleolus medialis bzw. in der Poplitea. Da auch das gemischte NAP von der Lumbalwurzel nach Tibialis-Reizung in der Kniekehle eine normale NAP-Form und keine Leitungsverzögerung aufzeigt, kann eine peripher afferente Störung, wie z.B. bei einer Polyneuropathie, mit Sicherheit von der Großzehe bis zur lumbalen Nervenwurzel

74

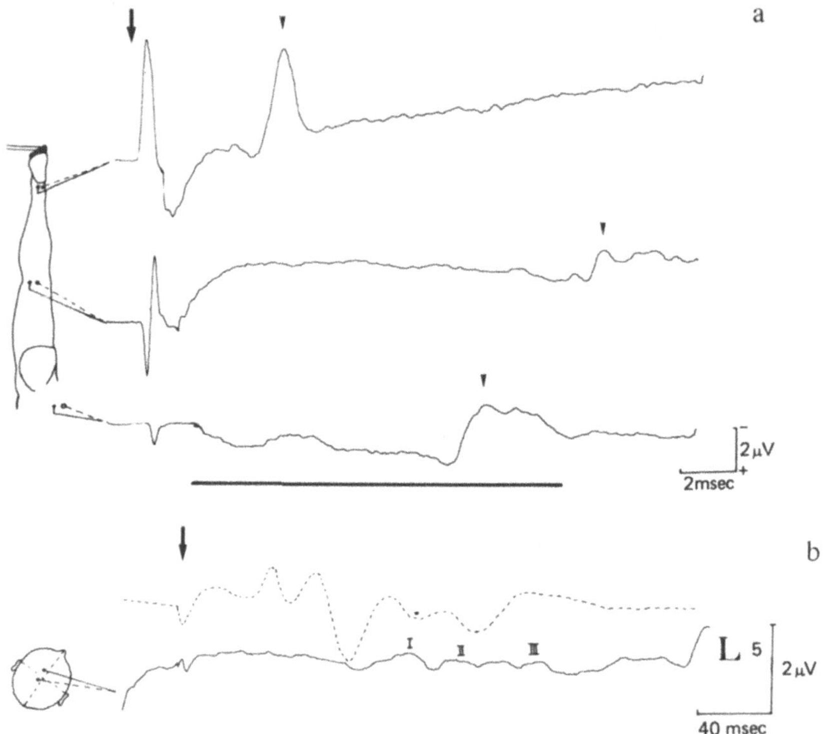

Abb. 27 a und b. Sensible Nervenaktionspotentiale des N. tibialis am Malleolus medialis,
in der Poplitea und bei LWK 3/4 sind von normaler Form und zeigen keine Abnahme
der Nervenleitgeschwindigkeit im peripher afferenten Bereich. Die Maxima der SRAP
nach L 5-Reizung am gleichen Fuß sind pathologisch verzögert (der gepunktete Kurven-
ablauf zeigt im Vergleich ein normales SRAP von L 5). Klinisch sind bei dem MS-Patienten keinerlei sensibilitätsstörungen an den unteren Extremitäten nachweisbar. (Nach
Jörg, 1976)

ausgeschlossen werden. Die deutliche Latenzverzögerung der Maxima des SRAP nach
L 5-Reizung, dargestellt im untersten Teil der Abbildung, ist somit sicher nicht durch
eine peripher neurogene Störung zu erklären, sondern muß spinaler oder cerebraler Genese sein. Im vorliegenden Falle bestand klinisch lediglich eine entzündliche Hirnstamm-
affektion mit Doppelbildern und ohne irgendwelche Sensibilitätsstörungen an den unteren Extremitäten. An einer Encephalomyelitis disseminata bestand diagnostisch kein
Zweifel.

Die Grenzen der elektrosensiblen Untersuchungen sind besonders bei den *differentialdiagnostischen Erwägungen* zu beachten, da die gleichen SRAP-Veränderungen, wie sie
bei der MS ausführlich beschrieben sind, verständlicherweise auch bei einer *funiculären
Myelose* oder einer *Tabes dorsalis* anzutreffen sind (Bergamini et al., 1965; Baust et al.,
1974). Demgegenüber sind bei der *amyotrophen Lateralsklerose* pathologische elektrosensible Befunde nicht zu erwarten; zur Diagnosehilfe dient hier das EMG mit dem
Nachweis der multiloculären Vorderhornstörung ohne NLG-Veränderungen.

b) Degenerative Rückenmarkserkrankungen

In der Literatur besteht Übereinstimmung darin, daß die ausgeprägtesten SRAP-Veränderungen bei einem Betroffensein der Hinterstränge zu finden sind. Während nämlich die Latenzverzögerungen der SRAP nach Reizung an den unteren Extremitäten bei der *neuralen Muskelatrophie* (Charcot-Mariesche Erkrankung) nur durch die massive sensible NLG-Verzögerung zustande kommen, sind die SRAP-Latenzzunahmen bei der *spinalen Heredoataxie* (Friedreichsche Erkrankung) durch eine Leitungsverzögerung sowohl im peripheren sensiblen Nervenanteil als auch im Bereich der Hinterstränge zu erklären (Bergamini et al., 1965 u. 1966; Desmedt u. Noel, 1973; zwei eigene unveröffentlichte Fälle). Ähnliche SRAP-Ergebnisse bei der *cerebellären Heredoataxie* (Nonne-Mariesche Krankheit) sind ätiologisch demgegenüber nicht klar abzugrenzen, da neben der spinalen Beteiligung der häufig gleichzeitig bestehende Hydrocephalus ebenfalls SRAP-Veränderungen oder gar SRAP-Verluste verursachen kann (Jörg, 1973).

Die *Syringomyelie oder -bulbie* gehört hinsichtlich ihrer Symptomatologie auch zu den im ersten Abschnitt besprochenen Rückenmarksquerschnittssyndromen und entspricht auch elektrodiagnostisch völlig einem intramedullären Tumor. Bei normaler NLG sind die SRAP häufig querschnittsartig und nur selten segmental pathologisch verändert. Sie entsprechen der lokalen spinalen Störung auch dann, wenn klinisch mit dem Nachweis einer dissoziierten Sensibilitätsstörung für Schmerz und Temperatur nur ein Hinweis auf eine Störung des spinothalamischen Systems gegeben ist. Diese SRAP-Veränderungen können sich gelegentlich auch nur in relativ geringen Latenzverzögerungen der Potentialspitzen ausdrücken und bei der groben optischen Auswertung dann zunächst übersehen werden.

Trotz dieser geringen, aber sicheren Latenzverzögerungen wäre es falsch, Korrelationen zwischen der Art der Sensibilitätsstörung und den gefundenen SRAP-Veränderungen ziehen zu wollen.

3. Aussagekraft der SRAP bei Rückenmarkserkrankungen

Bevor auf die differentialdiagnostische Wertigkeit der SRAP-Untersuchungen bei Rückenmarkserkrankungen eingegangen wird, sollen die Schwierigkeiten der direkten spinalen Ableitetechnik besprochen werden.

a) RAP nach spinaler und corticaler Ableitetechnik

Ein Nachteil für die Anwendung der SRAP in der Rückenmarksdiagnostik liegt in der üblichen Reiz- und Ableite-Technik. Eine exakte Rückenmarksdiagnostik ist nur dann möglich, wenn die periphere afferente Nervenleitung und die sensible Leitung bis zum Cortex-Ableitepunkt völlig intakt ist. Diese Tatsache schließt z.B. eine spinale Diagnostik bei einem abgelaufenen apoplektischen cerebralen Insult für diese Hemisphäre ebenso aus wie bei einer Affektion peripherer Nerven. Es ist daher verständlich, wenn der Versuch einer direkten Ableitung über dem Rückenmark bzw. der Wirbelsäule unternommen wird.

Bei Versuchspersonen hat Ertekin (1973) teflonbeschichtete Stahlelektroden von 10 cm Länge bei BWK 10–BWK 12, LWK 2 und in einzelnen Fällen auch bei HWK 6–7 in den Subarachnoidalraum eingestochen, und er konnte mit unipolarer Ableitetechnik und Tibialisstammreizung bei BWK 10 biphasische Potentialabläufe nachweisen. Bei Ableitepunkten oberhalb von BWK 10 waren demgegenüber nach Tibialisreizung keine konstanten spinalen Potentiale zu finden. Ebenso gelang es Ertekin nur in vier Fällen, nach Medianusreizung auch bei HWK 6–7 ca. 80 μV hohe Antwortpotentiale zu bekommen.

Eine Arbeitsgruppe um Shimoji (1971, 1973) benutzte einen elastischen Polyaethylenschlauch zur Einführung einer isolierten Stahlleitung in den Epiduralraum in Höhe von HWK 6, BWK 9 und BWK 12. Oberflächenableitungen über der Wirbelsäule hielten sie wegen der kleinen Amplituden und der zahlreichen Störfaktoren für wenig ratsam. Antwortpotentiale waren ebenso wie bei Ertekin am besten nach Tibialisstammreizung und Ableitung bei HWK 6 nach 200 aufsummierten Reizantworten mit einer Spannung von etwa 10 μV nachzuweisen. Die unipolaren Ableitungen erfolgten dabei immer aus dem hinteren Epiduralraum; zwei Versuche, auch aus dem vorderen Epiduralraum abzuleiten, waren erfolglos. 1973 von Shimoji et al. publizierte Ergebnisse bei einer traumatischen Querschnittslähmung ab C 5 mit einer Dislokation des 5. HWK erbrachten bei Ulnaris- und Tibialisreizung nur bei dem oberhalb der Fraktur liegenden Ableitepunkt C 2 keine spinalen Antwortpotentiale.

Diese *epiduralen oder intraduralen Ableitetechniken* in verschiedenen Wirbelsäulenabschnitten erscheinen uns im Hinblick auf ihre klinische Wertigkeit zu risikoreich, und eigene Untersuchungen sind daher niemals über die anläßlich einer Queckenstedtschen Untersuchung gegebenen suboccipitalen und lumbalen Ableitepunkte hinausgegangen. Dabei waren bei der SOP-Ableitung mit teflonisolierten Spezialnadeln in fünf untersuchten Fällen keine Leitungspotentiale nach Tibialisstammreizung und 512 Aufsummierungen nachzuweisen. Dies stimmt mit den Ergebnissen von Ertekin bei Ableitepunkten oberhalb von D 10 überein.

Zur Rückenmarksdiagnostik kommen daher wegen des Risikos der Epiduralableitung noch am ehesten *Oberflächen-Ableitungen über der Wirbelsäule* in Frage, wie es neben Matthews et al. (1974) besonders Cracco (1973, 1975) ausführlich beschrieben hat. Cracco konnte nach supramaximaler Fibularis- bzw. Medianus-Reizung über der gesamten Wirbelsäule mit unipolarer Ableitetechnik bis 1 μV hohe triphasische Potentiale mit einer von caudal nach cranial hin zunehmenden Latenzzeit nachweisen. Als Nachteile waren anzusehen, daß alle Ableitungen wegen der häufigen myogenen Einflüsse in Chloralhydrat-Schlaf erfolgen mußten, und Aufsummierungszahlen bis 8 192 notwendig waren. Die Amplituden waren im Gegensatz zu den Ergebnissen bei Kindern nach Fibularisreizung bei Erwachsenen im cervicalen und oberen thoracalen Bereich nur bis zu 0,2 μV hoch, und sichere Potentiale waren hier nur im caudalen Wirbelsäulenbereich zu finden.

Cracco konnte wohl bei drei Querschnittspatienten oberhalb der Läsion bei D 8 keine spinalen Reizantwortpotentiale mehr vorfinden, im Hinblick auf die geringe Amplitudenhöhe bei erwachsenen Normalpersonen erscheint uns aber eine exakte spinale Höhenaussage nur schwer möglich.

Mortillaro und Emser (1974a, b) berichteten in Übereinstimmung mit eigenen, bisher unveröffentlichten Untersuchungen, über reproduzierbare Antwortpotentiale, die nach Medianusreizung sowohl über der Halswirbelsäule als auch cortical kontralateral abzuleiten sind. Die Annahme von Mortillaro und Emser, daß diese Untersuchungstechnik zur

Niveaubestimmung des Rückenmarksquerschnitts geeignet sein könnte, möchten wir aber bezweifeln. Zum einen wird bekanntlich mit einer Medianusstammreizung am Handgelenk nicht nur *ein* cervicales Segment erfaßt, zum anderen ist wegen der Oberflächenableitung anzunehmen, daß die zu erhaltenden Aktionspotentiale im wesentlichen nur von den Hintersträngen stammen, nicht aber von den weiter ventral verlaufenden spinothalamischen Bahnen. Dies bedeutet aber, daß zumindest ventral lokalisierte Tumoren oder cervicale Myelopathien mit der HWS-Ableitetechnik und Nervenstammreizung am Handgelenk hinsichtlich ihres sensiblen Querschnittssegmentes nicht exakt lokalisierbar sind.

Eine *cervicale Ableitetechnik und Medianusstammreizung* erscheint nur dann diagnostisch sinnvoll, wenn cerebral bedingte Störungen im afferenten System von spinal bedingten Affektionen abgegrenzt werden sollen. Als Beispiel sei auf die Abb. 28 verwiesen, auf welcher die spinalen und die cerebralen RAP bei einer Normalperson A und einem Patienten B mit einem intracerebralen temporalen Tumor (Glioblastoma multiforme) dargestellt sind. Bei beiden Patienten ist nach Reizung des N. medianus am Handgelenk über dem 3.–4. HWK ca. 15 msec nach dem Reiz ein spinales Potential nachzuweisen. Die Latenzzeit stimmt mit den Ergebnissen von Cracco (1975) gut überein. Während aber das erste Maximum bei der gesunden Versuchsperson im kontralateralen SRAP an regelrechter Stelle zu erhalten ist, fehlt dieses bei dem Patienten (Kurve 4). Findet sich bei der elektrosensiblen Untersuchung ein SRAP-Verlust für die gesamte entsprechende Körperhälfte, so spricht dies auch unabhängig von dem klinischen und EEG-Befund für eine cerebrale Genese oder zumindest für eine Läsion im afferenten System oberhalb von HWK 3–4.

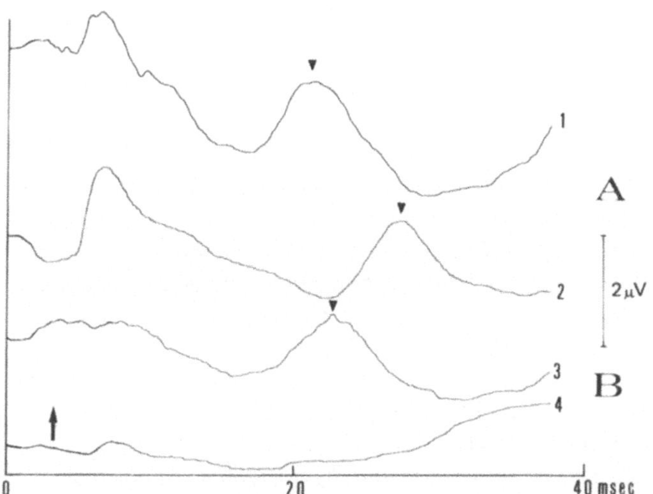

Abb. 28. Spinale und corticale Antwortpotentiale bei einer Versuchsperson A und einem Patienten B mit einem temporal lokalisierten Glioblastom. *1 und 3:* Oberflächenableitung über dem 3.–4. HWK gegen das gleichseitige Ohr. Reizung des Medianus supramaximal am Handgelenk. *2 und 4:* Kontralaterale bipolare Ableitung über dem sensiblen Handcortex. Bei dem Patienten B ist nur ein spinales, aber entsprechend der Tumorlokalisation kein corticales SRAP nachweisbar. (Unveröffentlicht)

78

Die spinale Ableitetechnik über der HWS kann demnach in einzelnen Fällen die Aussagekraft der elektrosensiblen Untersuchung erweitern, in der neurologischen Praxis werden aber meist schon der neurologische Befund und ergänzende EEG-, EMG- und NLG-Befunde die Lokalisation der gefundenen afferenten Störung ermöglichen.

Der naheliegende Gedanke, durch *HWS-Ableitung mit Oberflächenelektroden nach segmentaler Hautreizung* mit cerebralen afferenten Bahnen bei der Rückenmarksdiagnostik auszuschließen, war bisher trotz zahlreicher Versuche erfolglos. Die Untersuchungsergebnisse von Koivikko (1975a, b) bieten für das Ausbleiben spinaler Potentiale nach elektrischer Hautreizung eine gute Erklärung. Koivikko fand nur nach supramaximaler Medianusreizung am Handgelenk, nicht aber nach Reizung sensibler Hautnervenfasern, wie z.B. des sensiblen Radialisastes oder der Fingerhaut, ein evoziertes Potential über dem Nacken. Koivikko vermutet daher, daß das ableitbare Nackenpotential die aufsteigende Aktivität der Muskelafferenzen innerhalb des Spinalmarkes zu Medulla und Cerebellum repräsentiert und somit zumindest teilweise eine unabhängige Antwort darstellt und nicht nur Ausdruck der Aktivität somatosensorischer zentripetaler Afferenzen ist. Wenn sich diese gut begründete Vermutung bestätigen sollte, wären spinale Ableitungsversuche nach elektrosensibler Hautreizung ohnehin zwecklos.

Faßt man die bisherigen Ergebnisse mit der spinalen Ableitetechnik — seien sie nun intradural, epidural oder mit Oberflächenelektroden erhalten — zusammen, so kann man daraus schließen, daß die spinale Ableitetechnik keine Ergebnisse liefern kann, die den mit Hilfe der elektrosensiblen Untersuchungstechnik erhobenen Befunden hinsichtlich der Rückenmarksdiagnostik gleichwertig sind. In gleicher Weise sind auch die kürzlich mitgeteilten Befunde von Dzialek (1975) einzuordnen, der bei unipolarer und bipolarer Oberflächenableitung über der gesamten Wirbelsäule neben normalerweise auftretenden α- und β-Wellen auch herdförmige, hohe, langsame und steile Wellen im Bereich von „Radikalgien", multiple Sklerose-Herden und Rückenmarkstumoren beschrieben hat.

b) Indikation und differentialdiagnostische Wertigkeit der SRAP-Anwendung in der Rückenmarksdiagnostik

Es besteht kein Zweifel, daß die SRAP-Anwendung in der Klinik besonders bei der differentialdiagnostischen Klärung von Querschnittssyndromen und ihrer Höhendiagnostik indiziert ist. Der Wert der elektrosensiblen Untersuchung zeigt sich zum einen in der häufigen Überlegenheit gegenüber der klinischen Sensibilitätsbefundung, zum anderen in der möglichen Hilfe bei der Abgrenzung raumfordernder vasculärer und entzündlicher spinaler Prozesse.

Der besondere Wert der elektrosensiblen Untersuchung liegt aber in der Tatsache begründet, daß hiermit ebenso wie mit der Elektroneurographie und Elektromyographie *direkte Schädigungsnachweise* erbracht werden können. Dies erscheint uns als ein wesentlicher Vorzug gegenüber der Myeloscintigraphie und Myelographie mit positiven Kontrastmitteln, ganz abgesehen von der unterschiedlichen Risikobelastung. So können sich die im höheren Lebensalter häufigen HWS-Protrusionen myelographisch wohl durch Aussparungen oder Abflußverzögerungen zu erkennen geben, der Nachweis einer cervicalen Myelopathie, d.h. spinaler Druckläsionen besonders im ventralen Bereich des Rückenmarks, ist damit aber nicht erbracht. Es soll hier nicht der Aussagewert der Myelographie für den Neurochirurgen geschmälert, sondern nur festgestellt werden, daß die

Myelographie nicht imstande ist, Art und Schwere der spinalen Störung direkt anzuzeigen, sondern daß sie nur einen indirekten — anatomisch allerdings oft aufschlußreichen — Schädigungsnachweis liefern kann.

Leider erlauben unsere vorliegenden Ergebnisse noch keine vergleichende Bewertung der *Myelographie* und der elektrosensiblen Untersuchung, da die Zahl der mit beiden Methoden untersuchten Patienten noch zu klein ist, Verlaufskontrollen über einen Zeitraum von mehreren Jahren noch nicht vorliegen und die Kontrastuntersuchungen mit positiven Substanzen verständlicherweise zu einem großen Teil in der Hand des Neurochirurgen liegen. Eine Aufgabe für die Zukunft wäre es, unter Berücksichtigung der Aussagekraft der elektrosensiblen und der EMG-Befunde gegebenenfalls die Indikation zu der risikoreichen Myelographie neu zu überdenken mit dem Ziel, die Zahl der Untersuchungen zu reduzieren.

Eine *Indikationsänderung* erscheint uns für die Zukunft möglich, wenn man bedenkt, daß heutzutage ein Patient mit einer eindeutigen klinischen Bandscheibenprolapssymptomatik auch ohne Myelographiebefund laminektomiert wird, was bis vor einigen Jahren auch erfahrenen Neurochirurgen noch nahezu unmöglich erschien.

Die elektrosensible Untersuchung kann allerdings nur dann einen echten diagnostischen Beitrag leisten, wenn sie im Zusammenhang mit dem klinischen Befund und den anderen neurophysiologischen, liquordiagnostischen und neuroradiologischen Hilfsmethoden gesehen wird. Daher muß die kritische SRAP-Bewertung durch einen Neurologen erfolgen, der nicht nur die methodischen, sondern auch die klinischen Fehlermöglichkeiten kennt und mit den SRAP-Varianten vertraut ist. Unter diesen Voraussetzungen ist die Hoffnung erlaubt, mit Hilfe der elektrosensiblen Untersuchung noch häufiger unklare spastische Paraparesen diagnostisch einzuordnen und ggf. einer erfolgreichen Therapie zuführen zu können.

VI. Somatosensorische Reizantwortpotentiale bei cerebralen Erkrankungen

Die Untersuchung optischer, akustischer und somatosensorischer Reizantwortpotentiale bei cerebralen Erkrankungen nimmt in der Literatur einen unübersehbar breiten Raum ein. Sieht man einmal von dem wissenschaftlichen Wert der somatosensorischen RAP ab, so kann man im Hinblick auf die seit Jahren bewährte klinische Elektroencephalographie leicht zu der Ansicht kommen, daß *die elektrosensible Untersuchung als neurophysiologische Zusatzmethode in der cerebralen Diagnostik* nur noch einen geringen oder gar keinen zusätzlichen Aussagewert hat.

Diese Vermutung wird durch die weiter unten dargestellten Ergebnisse widerlegt, sie ist aber schon unter Berücksichtigung der *anatomischen Tatsachen* nicht begründet. Die EEG-Ableitung erfaßt nur die oberflächlichen Hirnregionen, und es brauchen sich z.B. Tumoren der hinteren Schädelgrube oder basal lokalisierte Prozesse — von fortgeleiteten δ-Wellen abgesehen — nicht im Hirnstrombild mitzuteilen. Dagegen wird mit der somatosensorischen Untersuchung das afferente sensible System in seinem gesamten räumlichen Verlauf von der Medulla spinalis bis zum Gyrus postcentralis unter Einschluß des Gyrus praecentralis und der Assoziationsfelder erfaßt (Stohr u. Goldring, 1969).

Neben der Erfassung des gesamten sensiblen Bahnsystems erlaubt die SRAP-Anwendung aber auch eine Aussage darüber, in welchem Zeitraum und in welcher Form der applizierte Impuls von den jeweils korrespondierenden Hirnzentren weiterverarbeitet wird. Im Gegensatz zum EEG, das einen ganz bestimmten Zustand „beschreibt", sind die *SRAP als cerebrale Funktionstestung* der jeweiligen Hirnzentren anzusehen. Dabei erlauben die ersten SRAP-Anteile eine Beurteilung, wann der applizierte Impuls cortical ankommt und wie er initial „weiterverarbeitet" wird; die späten SRAP-Anteile lassen im wesentlichen auf die Funktionsfähigkeit der primären Hirnzentren und der „Assoziationsfelder" schließen. Es versteht sich, daß gerade in diesem zuletzt angesprochenen Bereich wegen der im wesentlichen noch ungeklärten SRAP-Genese viele Fragen offen bleiben müssen.

Methodisch haben die meisten Autoren Nervenstammreizungen beschrieben und nahezu immer den N. medianus am Handgelenk stimuliert. Unsere Ergebnisse sind nach Reizung der Hautoberfläche bei C 7 bzw. C 8 und L 5 erhalten worden. Diese Reizpunkte ermöglichen unter Berücksichtigung der somatotopischen Gliederung des Gyrus post- und praecentralis eine ausreichende lokalisationsdiagnostische Aussage.

Auf die wahrscheinlich gleichwertige Anwendung der N. medianus- und N. fibularis- bzw. N. tibialis-Reizung wurde trotz des zeitlich sicher geringeren Aufwandes wegen der größeren Patientenbeeinträchtigung durch die repetitive motorische Kontraktion verzichtet.

Einschränkend muß bei der SRAP-Beurteilung bedacht werden, daß die Reizantwortpotentiale neben der funktionsdiagnostischen Aussage natürlich nur dann eine lokalisatorische Bewertung der geprüften Hirnzentren erlauben, wenn der gesamte übrige Teil der afferenten Bahnen, d.h. insbesondere der periphere und spinale Anteil, völlig funktionstüchtig ist.

Bevor die Aussagekraft der SRAP und ihre Wertigkeit im Vergleich zum Elektroencephalogramm und neuroradiologischen Untersuchungsbefunden diskutiert wird, sollen die diagnostisch und wissenschaftlich relevanten Ergebnisse bei cerebrovasculären, degenerativen und raumfordernden Erkrankungen sowie bei Epilepsie-Patienten genuiner oder symtomatischer Genese dargestellt werden.

1. SRAP bei cerebrovasculären und degenerativen Erkrankungen

a) Akute vasculäre Syndrome

Neben Giblin (1964) haben in neuerer Zeit besonders Miyoshi et al. (1971) von RAP-Veränderungen nach Medianusreizung bei Patienten mit *apoplektischen Insulten* und klinisch nachweisbarer Hemiparese berichtet. Der Läsionsort war immer im Bereich der Capsula interna zu suchen. Diese Autoren konnten pathologische SRAP nicht nur bei sensiblen oder sensomotorischen, sondern auch bei rein motorischen Hemiparesen nachweisen und an Hand von sechs Verlaufsuntersuchungen gute Parallelen zwischen der SRAP-Veränderung und dem jeweiligen Krankheitsverlauf feststellen. Lagen Sensibilitätsstörungen vor, so fanden Miyoshi et al. in Übereinstimmung mit Laget et al. (1967) eine gute Korrelation zwischen der SRAP-Veränderung und dem sensiblen Defizit. Einschränkend ist allerdings hier festzuhalten, daß Miyoshi et al. über diese kontralateralen SRAP-Veränderungen hinaus bei sieben ihrer 34 Patienten auch über der gesunden Hemisphäre abnorme, d.h. außerhalb der doppelten Standardabweichung liegende Ergebnisse fanden.

Neben Williamson et al. (1970) haben besonders auch Ogashiwa et al. (1972) auf die Diskrepanz des pathologischen SRAP-Befundes und der gleichzeitig normalen Sensibilität bei Patienten mit apoplektischen Insulten hingewiesen. Liberson (1966) konnte bei Aphasikern mit Hemiplegie in Übereinstimmung mit uns (zwei unveröffentlichte Fälle) pathologische SRAP-Veränderungen über der geschädigten Hemisphäre nachweisen.

Darüber hinaus zeigte Liberson auch eine Korrelation von Aphasie-Rückbildung und Besserung der SRAP-Veränderungen auf.

Die pathologischen SRAP-Befunde ohne begleitende Sensibilitätsstörungen bei akuten cerebralen Apoplexien überraschen nicht, wenn man berücksichtigt, daß sensible thalamocorticale Bahnen nicht nur in den Gyrus postcentralis ziehen, sondern darüber hinaus auch „Assoziationszentren" zur SRAP-Ausprägung beitragen.

Bei *Hirnstamminsulten* werden dagegen SRAP-Veränderungen ohne gleichzeitige Sensibilitätsstörungen viel seltener beschrieben. Noel und Desmedt (1975) konnten bei drei Thalamussyndromen und zwei Ponsinfarkten in den für alle Qualitäten gestörten Hautsegmenten SRAP-Veränderungen aufzeigen; das EEG wies typischerweise in keinem Falle auf eine lokale cerebrale Schädigung hin. Zwei Patienten mit einem „Wallenbergschen Syndrom" hatten demgegenüber auf der Seite der dissoziierten Sensibilitätsstörung für die ersten 60 msec nach dem Reiz keine pathologischen Potentialveränderungen aufzuweisen.

Gleichwertige Ergebnisse werden von Tsumoto et al. (1973) bei sechs Thalamussyndromen mitgeteilt; bemerkenswert ist allerdings ihre Feststellung, daß sich bei einer gleichzeitig bestehenden Hyperpathie kontralateral ein deutlich erhöhtes, sicher seitendifferentes N 3 (= dritte negative Spitze) nachweisen ließ. Cantor (1973) fand demgegenüber bei zwei „Thalamusschmerzsyndromen" normale SRAP nach Medianusreizung und betont, daß Thalamusinfarkte nur dann zu SRAP-Veränderungen führen, wenn die ventralen posterioren Thalamuskerne affiziert sind. Als ungeklärte Rarität ist die Mitteilung von Halliday (1967a) aufzufassen, welcher bei zwei Fällen von Hirnstammläsionen mit dissoziierter Sensibilitätsstörung trotz fehlender Myoklonien außergewöhnliche hochamplitudige SRAP vorfand.

Den Untersuchungsergebnissen bei Hirnstamminsulten ist gemeinsam, daß auch bei normalem EEG-Befund sensible Störungen durch pathologische SRAP-Befunde objektivierbar sind; eine über die klinische Bestätigung hinausgehende Bedeutung hat dies allerdings nicht. Nur Wilkus et al. (1971) glaubten, mit Hilfe fehlender akustischer und normaler optischer RAP die Verdachtsdiagnose „Ponsinfarkt" bei einem 33jährigen, tief bewußtlosen und decerebrierten Patienten bestätigen zu können, bei dem sich im EEG noch ein 8—9 sec-Grundrhythmus zeigte.

b) Degenerative Hirnerkrankungen (primär und sekundär)

Hirnatrophische Prozesse, seien sie nun primär (Morbus Alzheimer, Morbus Pick) oder sekundär entstanden (Cerebralsklerose, Encephalitis), haben unabhängig von den nur selten nachweisbaren Sensibilitätsstörungen meist pathologische oder ganz fehlende SRAP.

Levy et al. (1971) fanden in einer Vergleichsuntersuchung von neun senil-dementen und acht depressiven gleichaltrigen Patienten bei den Dementen deutliche, teilweise signifikante Spitzenlatenzverzögerungen nach N. ulnaris-Reizung, obwohl klinisch keinerlei motorische oder sensible Ausfälle vorlagen.

Eigene, unabhängig davon durchgeführte Untersuchungen (1973) bei acht Patienten mit einer ausgeprägten Hirnleistungsschwäche (M. Alzheimer, Hirnatrophie auf dem Boden einer Cerebralsklerose bzw. multiplen Sklerose, residuale Hirnschädigung) erbrachten nach C 8-Reizung pathologische oder ganz fehlende SRAP-Befunde, obwohl klinische Anhaltspunkte für eine Affektion des sensiblen Systems nicht zu finden waren. Giblin konnte bei halbseitiger Hirnatrophie schon 1964 über der gestörten Hemisphäre einen SRAP-Verlust nach Nervenstimulation nachweisen, und er vermutete als Ursache eine zunehmende, zwischen Cortex und den Scalpelektroden sich entwickelnde Resistenzvermehrung.

Berücksichtigt man die vermuteten Entstehungsmechanismen der Reizantwortpotentiale und betrachtet man die somatosensorische RAP als einen *begrenzten Leistungsnachweis für die elektrosensibel erfaßbaren corticalen Neurone*, so verwundert es nicht, daß bei degenerativen cerebralen Erkrankungen, wie z.B. der Cerebralsklerose, auch die SRAP pathologisch verändert sind oder ganz fehlen. Sollte sich diese sehr spezifische, auf das somatosensorische System begrenzte cerebrale Funktionstestung in weiteren, noch nicht abgeschlossenen eigenen Untersuchungsserien als brauchbar erweisen, ggf. sogar ohne gleichzeitig nachweisbare Sensibilitätsstörung, so kann man erwarten, endlich auf dem Wege zu einer neurophysiologischen Methode einer objektiveren cerebralen

Leistungsprüfung zu sein. Die noch vor einigen Jahren gehegte Hoffnung, daß dies das Elektroencephalogramm — insbesondere die Grundrhythmusfrequenz — leisten könnte, hat sich leider nicht erfüllt.

Einen interessanten Aspekt zu diesem Problemkreis scheinen die Ergebnisse einer Arbeitsgruppe um Straumannis (1965, 1970, 1973) aufzuzeigen. Die Autoren haben optische und somatosensorische RAP (mit N. medianus-Reizung) bei Mongoloiden, Hirnarteriosklerotikern und gesunden Vergleichsgruppen beiderlei Geschlechts untersucht. Dabei konnten sie Amplitudendifferenzen besonders bei Mongoloiden und Cerebralsklerotikern nachweisen und darüber hinaus nur bei der Patientengruppe eine größere Refraktärzeit für die frühen RAP-Komponenten aufzeigen. Diese Refraktärzeitdifferenz korreliert mit einem schlechteren Ausfall des Bender-Gestalt-Tests und einer erniedrigten Flickerverschmelzungsfrequenz.

Erste eigene *Untersuchungen mit Trains von 200 msec Dauer*, Frequenzen von 1,5— 100 Hz und C 8-Stimulation deuten ebenfalls u.a. auf eine verlängerte Refraktärzeit der frühen und späten SRAP-Anteile bei Cerebralsklerotikern hin. Es bleibt abzuwarten, ob sich mit diesen erst am Anfang stehenden Untersuchungen eine Möglichkeit zur begrenzten, objektiven cerebralen Funktionstestung entwickeln läßt. Dies würde z.B. auch eine präzisere Aussage über die tatsächliche Wirksamkeit der zahlreichen cerebralen Vasodilatantien bei Hirnarteriosklerotikern ermöglichen. Sollten sich diese vorläufig noch theoretischen Vorstellungen auch experimentell bestätigen lassen, so könnte man auf die völlig irrelevante, aber noch immer angewandte Untersuchung der Hirndurchblutung unter Vasodilatantien-Einnahme verzichten, da ja bekanntlich die Besserung der cerebralen Durchblutung nichts über die erwünschte cerebrale Leistungszunahme auszusagen vermag.

c) Angiomatöse Fehlbildungen

Angiome können trotz ihres raumfordernden Charakters eine vasculäre Symptomatik hervorrufen. Die neurologische Erfahrung zeigt immer wieder, daß sich die cerebralen Angiome selbst bei einer beachtlichen Größe über lange Zeit *hirnelektrisch stumm* verhalten können (Christian, 1975). Diese Tatsache hat sich auch bei sechs eigenen untersuchten Patienten mit einer Angiom-Epilepsie bestätigen lassen. Fünf der sechs Patienten wiesen im EEG keinerlei Seitenhinweis auf, und bei vier Patienten war auch der klinischneurologische Befund regelrecht (Jörg, 1976). Dagegen erbrachte die beidseitige C 8- und L 5-Reizung bei allen sechs Patienten einen eindeutigen Hinweis für eine lokale cerebrale Störung, und dieser elektrosensible Befund stimmte gut mit dem Sitz der neuroradiologisch nachgewiesenen Angiome überein, wenn er auch nicht immer exakt auf L 5 oder C 8 beschränkt war.

Das in der Abb. 29 dargestellte SRAP-Beispiel ist markant, aber insofern nicht ganz typisch, als dieser Patient zwar ein normales EEG, nicht aber einen völlig normalen neurologischen Befund aufwies.

Bei dem 39jährigen Patienten, der unter vasomotorischen Kopfschmerzen und motorischen Jackson-Anfällen in der rechten Hand mit Übergreifen auf den Arm und in die rechte Gesichtshälfte litt, war zunächst kein von der Norm abweichender neurologischer Befund erhoben worden. Erst nach Auskultation eines puls-synchronen Schädelgeräusches wurden nachträglich eine Dysdiadochokinese, eine Astereognose und Fehler beim Zahlenlesen im Bereich der rechten Hand bemerkt.

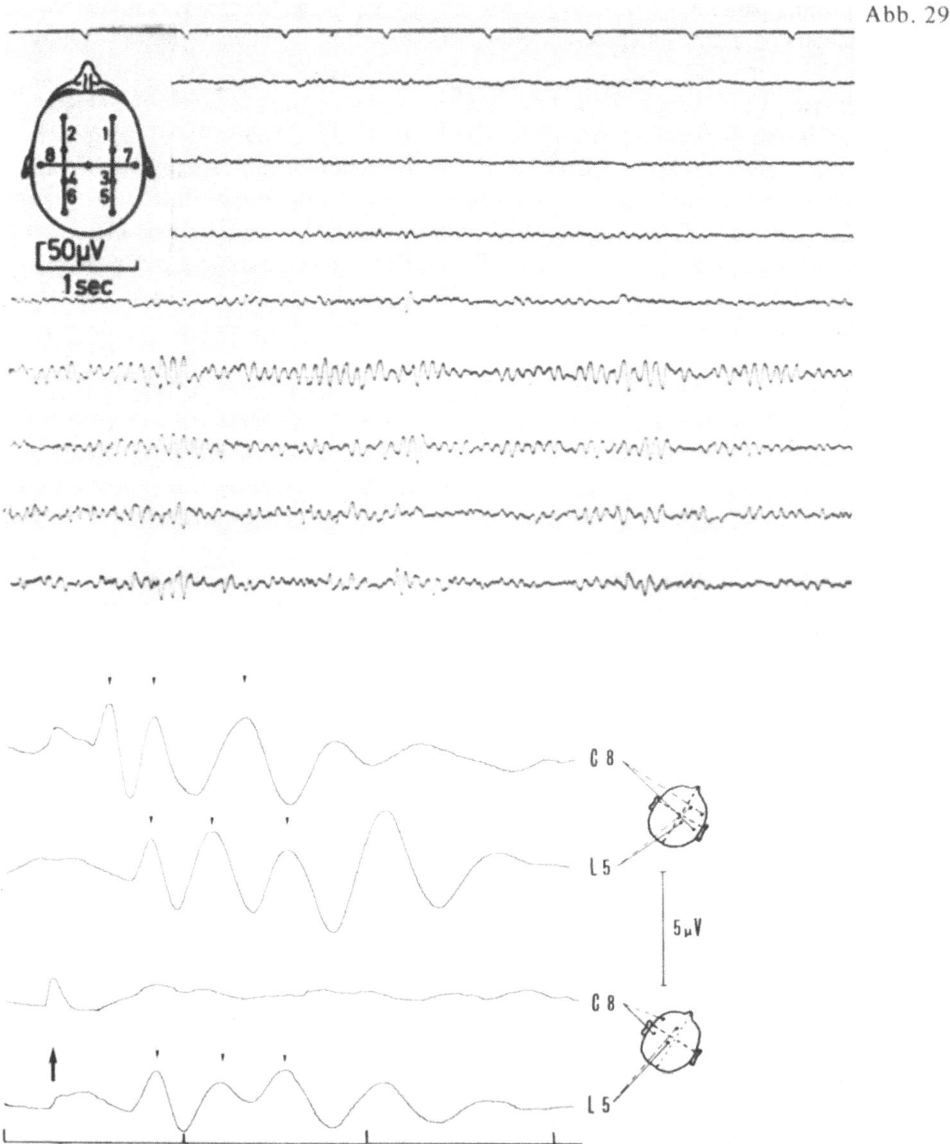

Abb. 29 a–d. Angiom links temporo-parietal bei einem 39jährigen Patienten mit motorischen Jackson-Anfällen im rechten Arm und vasomotorischen Kopfschmerzen. Das Angiom ist durch das Technetium-Scintigramm und die Carotisarteriographie objektiviert, im EEG ist kein Seitenhinweis zu finden. Die beiderseitige SRAP-Untersuchung bei C 8 und L 5 weist nur im Angiomgebiet (Handfeld links) einen SRAP-Verlust nach. (Nach Jörg, 1976)

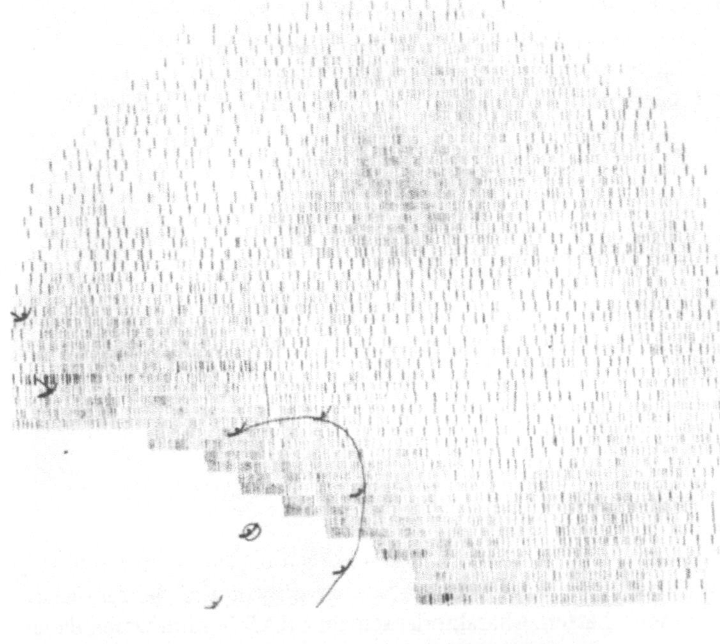

Abb. 29c

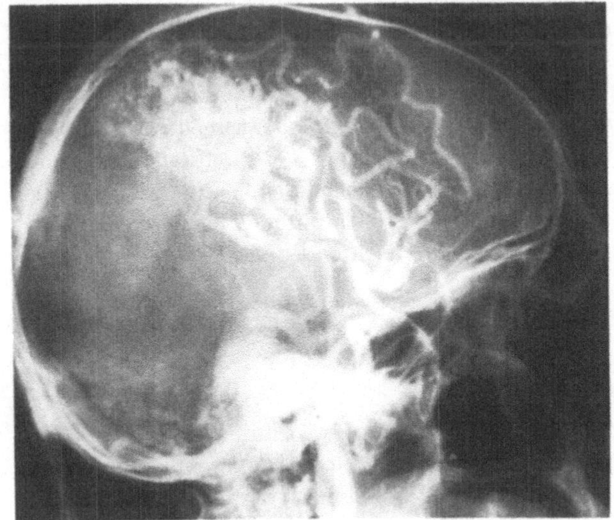

Abb. 29d

In Übereinstimmung mit einer temporo-occipitalen Anreicherung im Technetium-Scintigramm und dem SRAP-Verlust im Bereich des linken Handfeldes ergab dann die Carotis-Arteriographie ein ca. kinderfaustgroßes Angiom.

Die SRAP-Veränderungen der sechs Angiompatienten und ihre Korrelation zu den EEG-Befunden sollen weiter unten im Rahmen der Epilepsie besprochen werden, da alle Patienten auch unter epileptischen Anfällen litten. Hier sei nur festgestellt, daß Angiome

86

mit Hilfe der SRAP-Befunde von C 8 und L 5 gut lokalisierbar sind und sich gegenüber
dem EEG und dem klinisch-neurologischen Befund eine deutliche Überlegenheit zeigt.
Diese gute lokalisations-diagnostische Aussagekraft fand sich allerdings bei anderen raumfordernden cerebralen Prozessen im Vergleich zu dem EEG- und Sensibilitäts-Befund
nicht.

2. SRAP bei raumfordernden intrakraniellen Prozessen

Schon 1967 haben Bergamini und Bergamasco darauf hingewiesen, daß sowohl bei intra-
kraniellen Tumoren als auch bei Hämatomen eine SRAP-Veränderung über der betroffenen Seite auch dann noch erwartet werden kann, wenn die spezifische sensible Bahn
oder die entsprechende corticale Area selbst nicht primär betroffen ist.

a) Subdurale und epidurale Hämatome

Bei fünf untersuchten *subduralen Hämatomen* konnten Bergamini und Bergamasco in
jedem Fall mit Hilfe der SRAP einen Herdhinweis erbringen, obwohl drei der fünf Patienten ein normales Hirnstrombild hatten. Charakteristischster SRAP-Befund waren dabei
die Amplituden-Differenzen.

Ein von uns untersuchtes *epidurales Hämatom* wies bei normalem Ruhe- und Tonephin-EEG über der linken Handregion einen Maximum I-Verlust und für L 5 eine leichte,
sicher noch im Normbereich liegende Amplituden-Differenz auf (s. Abb. 30).

Die *Ursache der SRAP-Veränderungen* über dem Hämatombereich dürfte primär weniger durch eine corticale Störung als vielmehr durch den größeren Abstand zwischen
Ableitort und der SRAP-produzierenden Cortexregion zu erklären sein. Dafür sprechen
die von Bergamini und Bergamasco mitgeteilten SRAP-Amplitudenminderungen im
Hämatombereich ebenso wie die oft halbseitig abgeflachten Kurvenbilder im Elektroencephalogramm.

b) Hirntumoren

Die SRAP-Veränderungen bei apoplektischen Insulten oder Hirntumoren sind im Gegensatz zu den extracerebralen Hämatomen durch eine direkte oder indirekte Läsion der
sensiblen corticalen Area, der thalamocorticalen Verbindungen oder auch der Assoziationszentren zu erklären. Dabei weisen insbesondere die SRAP-Anteile ab 50 bis 80 msec
nach dem Reiz auf den Funktionszustand der „Assoziationsfelder" hin, da die späten
Komponenten im wesentlichen durch deren Beteiligung entstehen dürften.

Betrachtet man die SRAP-Befunde bei Hirntumoren unter diesem Aspekt, so ist immer zu berücksichtigen, welcher Art (benigne oder maligne) der Tumor ist, wo er lokalisiert ist und welche Begleitsymptomatik vorliegt. Es ist verständlich, daß auch bei Hirntumoren entsprechender Lokalisation SRAP-Veränderungen ohne Sensibilitätsstörungen
vorkommen (Giblin, 1964; Bergamini u. Bergamasco, 1967; eigene Befunde). In den
meisten Fällen geht allerdings die SRAP-Veränderung bzw. der SRAP-Verlust mit einer
Sensibilitätsstörung und mit einem EEG-Herdbefund einher.

Drechsler (1973) untersuchte 17 Hirntumorpatienten und vertrat die Auffassung, daß bei Schläfenlappenglioblastomen auf der Seite des Tumors nur die späten Anteile der somatosensorischen und visuellen RAP latenzverzögert seien; er meinte, daß eine Latenzverzögerung der frühen RAP-Anteile nur bei extraparenchymatösen Prozessen zu finden ist. Diese Ergebnisse entsprechen aber nicht den Befunden anderer Autoren und widersprechen auch unseren eigenen Erfahrungen.

Bei vier untersuchten Tumorpatienten — zweimal handelte es sich um ein Meningeom in der Falx, bzw. parietal, je einmal um ein Oligodendrogliom temporal und um eine Solitärmetastase zentroparietal — war streng lokalisiert im betroffenen cerebralen Bereich ein pathologischer SRAP-Befund nachzuweisen. Die klinische Untersuchung ergab aber auch in allen vier Fällen einen Seitenhinweis, wenn auch zweimal die Sensiblität ungestört war und gleichfalls in zwei Fällen das EEG keinen Herdbefund aufwies. Die zwei Patienten mit normalem EEG hatten typischerweise eine mittelständige Tumorlokalisation, so daß sich nicht im Hirnstrombild, wohl aber mit der SRAP-Prüfung eine Seitenlokalisation erbringen ließ. Auf die spezifischen SRAP-Veränderungen wird wegen der begleitenden epileptischen Anfälle erst im nächsten Kapitel eingegangen.

Eine Veränderung der SRAP war dann nicht zu erwarten, wenn der *Tumor frontal oder occipital lokalisiert* war. So waren bei einem Patienten mit einer Stirnhirncyste nach Metallsplitterverletzung beidseitig normale SRAP nachweisbar. Drechsler (1975) hat dementsprechend bei frontalen Meningeomen ebenfalls normale Reizantwortpotentiale gefunden.

Zukünftige Untersuchungen müssen zeigen, ob Tumoren der hinteren Schädelgrube (supra- und infra-tentoriell) mit Hilfe der interindividuell sehr variablen optischen RAP lokalisierbar sind. Erste Ergebnisse von Gnezditsky (1974) bei fokalen Hirnläsionen geben auch unter Berücksichtigung der sehr starken Variabilität zu gewissen Hoffnungen Anlaß.

Keine lokalisationsdiagnostische Aussage war bei zwei Patienten mit parietalem Astrocytom bzw. Glioblastom möglich, weil auch die SRAP der nicht betroffenen Hirnhälfte alteriert oder gar nicht nachweisbar waren. Damit ging der pathologische SRAP-Befund deutlich über den sicheren EEG-Herd hinaus. Man darf vermuten, daß der schnell wachsende Tumor insbesondere durch sein Begleitödem und die Verdrängung der gesunden Hemisphäre den lokalisatorischen Aussagewert der SRAP einschränkt.

Insgesamt hat es den Anschein, daß die pathologischen SRAP-Befunde in Abhängigkeit von Art und Lokalisation der Hirntumoren vor den EEG-Herden auftreten. Dies kann bei Angiomen oder Meningeomen entsprechender Lokalisation von diagnostischem Wert sein; für die Mehrzahl der Tumorpatienten mit sicherem EEG-Herd und schneller Wachstumstendenz ist aber der SRAP-Befund klinisch irrelevant. Für die Zukunft darf man erwarten, daß die *kombinierte Anwendung der somatosensorischen, akustischen, optischen und olfaktorischen RAP* eine über das EEG hinausgehende lokalisationsdiagnostische Aussage ermöglichen wird, da dies ein räumliches und funktionelles „Abgreifen" nahezu aller Hirnregionen gestattet.

Bei der *Frühdiagnostik von Kleinhirnbrückenwinkeltumoren* sind auch mit den EEG-Provokationsmaßnahmen aufgrund der basalen Lokalisation keine Seitenhinweise zu erwarten. Demgegenüber ist beim Betroffensein des N. facialis — ggf. erst klinisch latent — elektromyographisch schon pathologische Spontanaktivität (meist Fibrillationspotentiale) zu finden. Überträgt man dies auf das sensible System, so müßten sich auch schon frühzeitig SRAP-Veränderungen nach Reizung im Trigeminus-Innervationsgebiet aufzei-

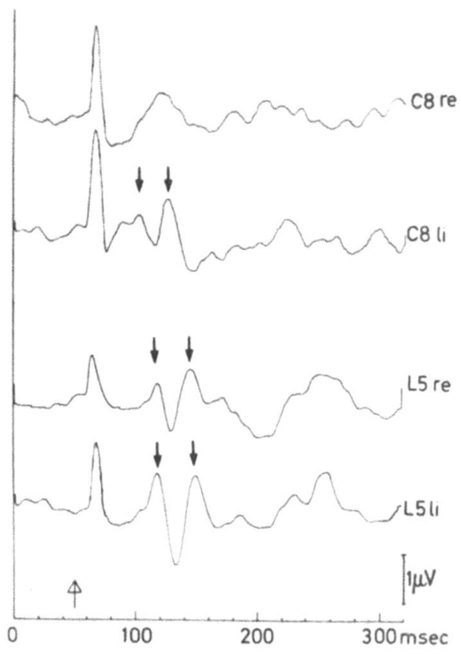

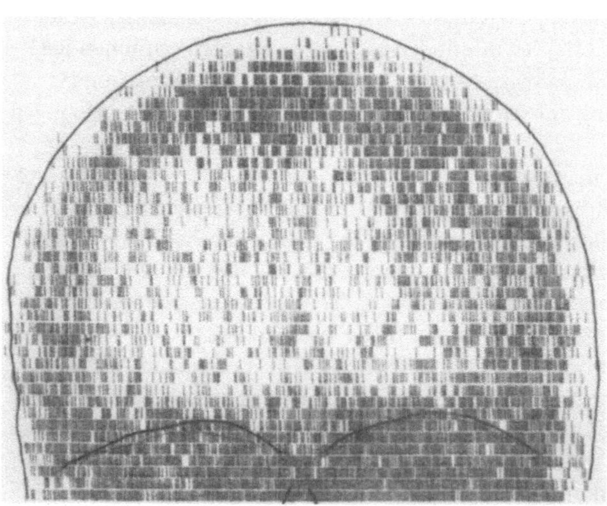

Abb. 30 a–d. Somatosensorische RAP bei einem 41jährigen Patienten mit linksseitigem Hämatom, normalem Tonephin-EEG und typischem Arterio- und Scintigramm. Bei dem SRAP von C 8 rechts fehlt das Maximum I im Seitenvergleich, die Maxima III sind in allen Potentialabläufen nicht sicher auszumachen. (Nach Jörg, 1973)

Abb. 30a

Abb. 30b

gen lassen. Die von uns in einzelnen Fällen bisher durchgeführte Hautreizung in der beidseitigen Kinnhautpartie erbrachte aber nur dann sichere SRAP-Seitendifferenzen, wenn auch klinisch eine Sensiblitätsstörung bestand. Die SRAP-Beurteilung hat sich allerdings für die Trigeminus-Reizung wegen der großen Reizeinbrüche, die durch die geringe Entfernung zwischen Reiz- und Ableiteort nicht zu vermeiden sind, oft schwierig gestaltet.

Hinsichtlich der *Art der SRAP-Veränderungen durch Hirntumoren* überwiegen neben den kompletten Potentialverlusten besonders Latenzverzögerungen und Amplitudenreduktionen aller Potentialspitzen. Dieser Befund ist unabhängig davon, ob eine sympto-

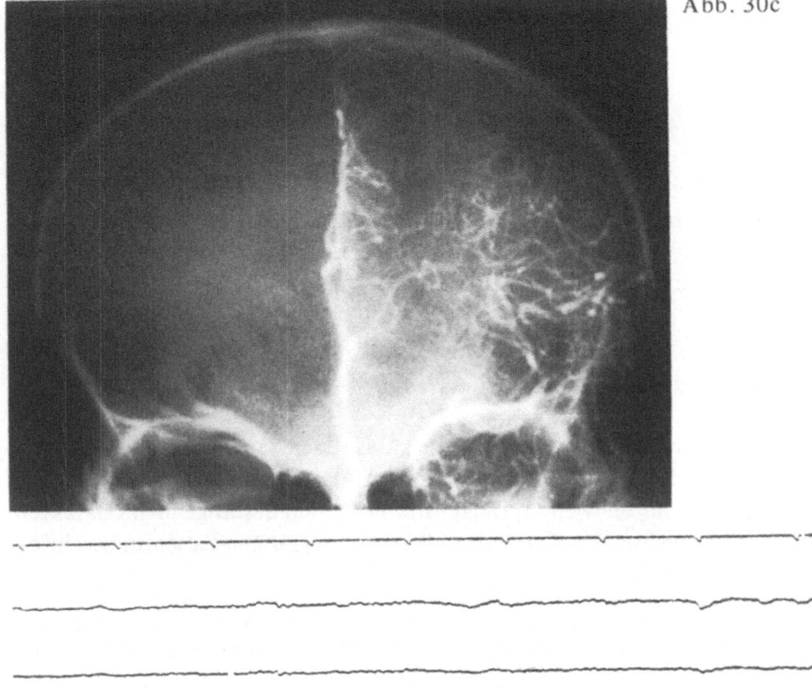

Abb. 30c

Abb. 30d

matische Epilepsie besteht oder nicht. So fanden sich bei zwei Patienten mit einem parietal gelegenen Astrocytom bzw. Glioblastom isolierte SRAP-Verluste im gestörten Hirnareal, obwohl motorische Jackson-Anfälle und eine Hemiparese ohne Sensibilitätsstörungen bestanden. Bei einem Patienten mit einem Falxmeningeom und im Fuß beginnenden sensiblen Jackson-Anfällen war trotz normalen EEG-Befundes das SRAP nach L 5-Reizung deutlich seitendifferent; das Maximum I war sehr niedrig ausgeprägt, und die übrigen zwei Maxima waren nicht sicher zu differenzieren.

Pathologische Amplitudenerhöhungen, ggf. in Kombination mit Latenzverzögerungen, waren demgegenüber viel seltener und ließen auf eine lokale oder allgemeine cerebrale Übererregbarkeit schließen. Diagnostisch lag in dem eigenen untersuchten Krankengut dann immer eine Epilepsie vor.

3. Epilepsie

In der Diagnostik der Genese epileptischer Anfälle steht das EEG an erster Stelle der anwendbaren klinischen Zusatzuntersuchungen. Christian (1975) weist aber zu Recht darauf hin, daß sich die Hoffnung, mit Hilfe des EEG eine Differenzierung zwischen einer idiopathischen und einer symptomatischen Epilepsie herbeiführen zu können, nur zu einem Teil erfüllt hat. In solchen Fällen scheint uns die SRAP-Anwendung als zusätzliche neurophysiologische Untersuchungstechnik eine brauchbare Hilfsmethode zur weiteren lokalisatorischen Abklärung werden zu können (Jörg, 1975).

a) Symptomatische Epilepsie

Leidet ein Patient unter symptomatischen, beispielsweise Jackson-Anfällen, und findet sich im *EEG ein sicherer* Herdbefund, so kann das SRAP-Ergebnis, je nach der Lokalisation der Epilepsie-Genese, für die weitere Diagnostik nur einen bestätigenden Charakter haben. Als typisches Beispiel sei das Krankheitsbild einer 54jährigen Patientin beschrieben.

Bei der Patientin traten wiederholt in der Hand beginnende sensible Jackson-Anfälle im linken Arm auf; ein einziges Mal wurde auch ein motorischer Jackson-Anfall der gesamten linken Körperhälfte mit Beginn im Fuß beobachtet.

Neurologisch fand sich eine diskrete spastische Hemiparese mit Hemihypaesthesie links; das EEG erbrachte dementsprechend einen konstanten Zwischenwellenherd rechts temporooccipital.

Das Technetium-Scintigramm ergab eine hühnereigroße Anreicherung rechts parietal (s. Abb. 31) und die Carotisarteriographie eine pathologische Gefäßanfärbung im gleichen Bereich mit einer Füllung über die A. meningica media.

Die SRAP-Untersuchung erbrachte bei C 8- und L 5-Stimulierung rechts normale Befunde. Die linksseitige Stimulierung ergab für C 6 ein normales Maximum I bei deutlicher Latenzverzögerung der übrigen Maxima, für L 5 eine mäßige Amplitudenerhöhung und eine Latenzverzögerung für Maximum II und III (Seitenvergleich!), für C 7 und etwas weniger für C 8 fand sich eine pathologische Amplitudenerhöhung bei gleichzeitiger Latenzverzögerung für die Maxima II und III.

Operativ konnte ein 100 g schweres, ca. kindsfaustgroßes Meningeom rechts parietalparasagittal exstirpiert werden.

Die Amplitudenerhöhung der SRAP von C 7 und C 8 (s. Eichzacke), die sich auch im Seitenvergleich bestätigen läßt, weist auf eine lokale cerebrale Übererregbarkeitszone hin. Ob diese gesteigerte Excitabilität im Tumorbereich selbst oder in der Randzone liegt, ist mit der SRAP-Anwendung allein nicht zu klären. Auffallend ist nur, daß sich im EEG in dem geschilderten Falle wohl lokal vermehrte Zwischenwellen, aber keine für eine Epilepsie typischen Krampfpotentiale oder fokale Dysrhythmien nachweisen ließen.

Von differentialdiagnostisch größerer Relevanz sind die SRAP-Befunde in den Fällen, bei denen *im EEG keinerlei Seitenhinweise* zu finden sind. Als markantes, aber nicht zu verallgemeinerndes Beispiel sollen die Befunde eines 57jährigen Patienten beschrieben werden, bei welchem auch die neuroradiologischen Methoden keine eindeutigen Normabweichungen erbrachten.

Der Patient L.R. litt seit ca. sechs Monaten unter linksseitigen sensomotorischen Jackson-Anfällen mit Beginn in der Leistengegend. Neurologisch fanden sich ein links lebhafter ASR, unsichere linksseitige Zeigeversuche und Fehler beim Zahlenlesen am linken Bein.

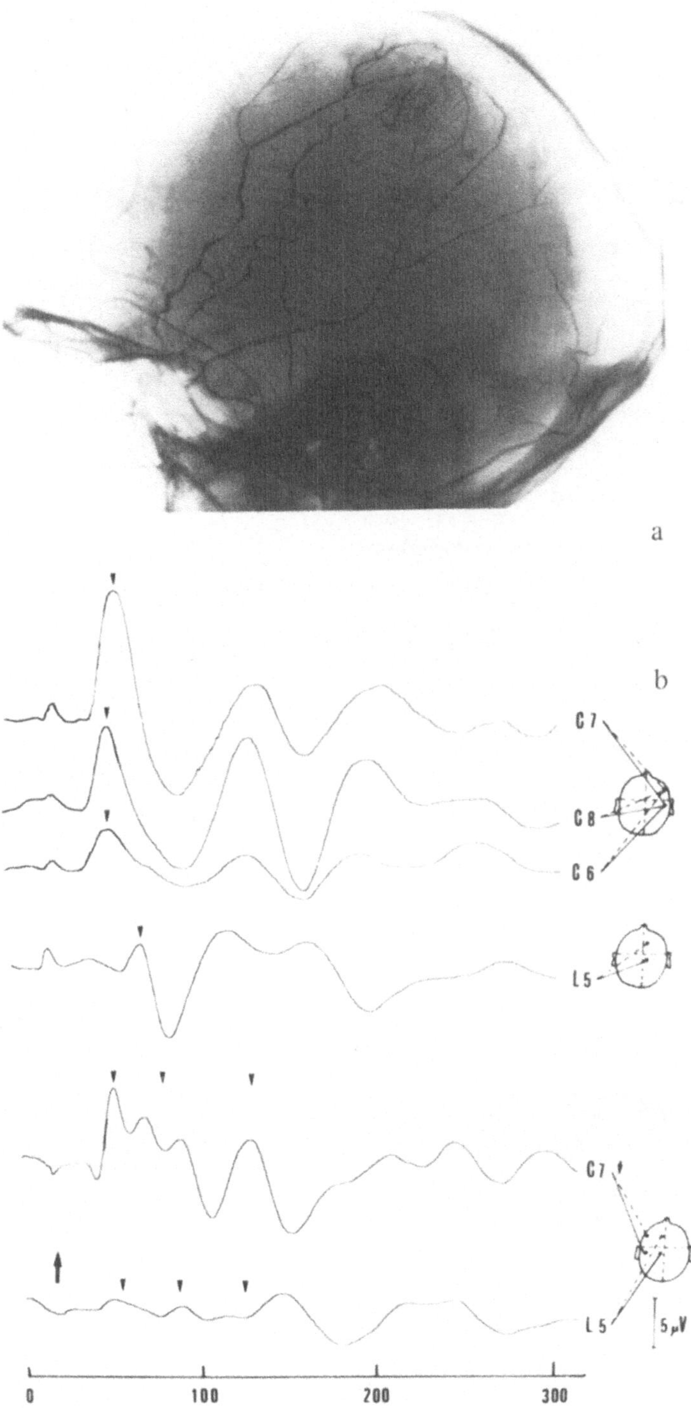

Abb. 31 a und b. Carotis-Arteriogramm und SRAP-Befund einer 54jährigen Patientin mit sensiblen Jackson-Anfällen im linken Arm und Beginn in der Hand. Diagnostisch handelte es sich um ein Falx-Meningeom. Weitere Einzelheiten sind dem Text zu entnehmen. (Nach Jörg, 1976)

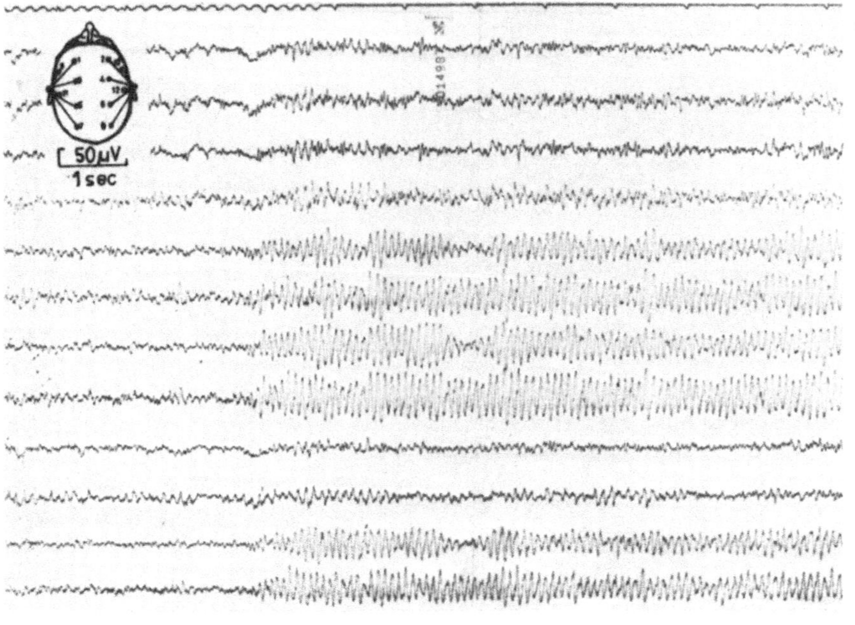

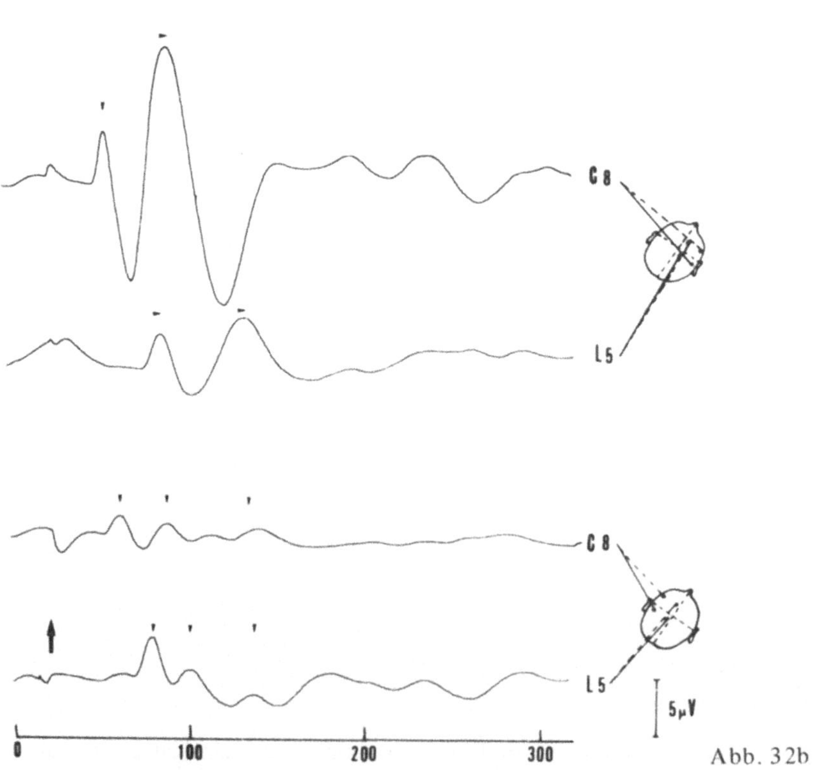

Abb. 32b

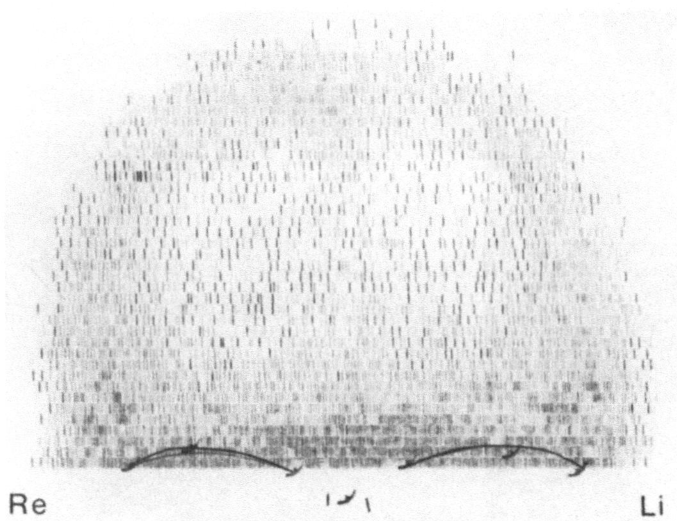

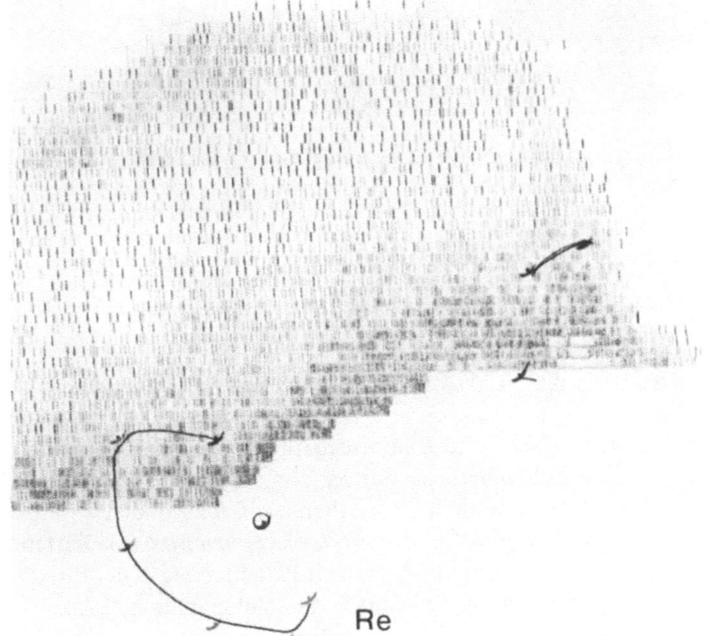

Abb. 32 a—e. EEG-, SRAP-, Scintigraphie- und Carotis-Arteriographie-Befund eines 57-jährigen Patienten mit in der linken Leiste beginnenden sensomotorischen Jackson-Anfällen. Pathologisch-anatomisch fand sich eine kleinkastaniengroße zentroparietal im Bereich der rechten Mantelkante gelegene Metastase bei unbekanntem Primärtumor. (Nach Jörg, 1976)

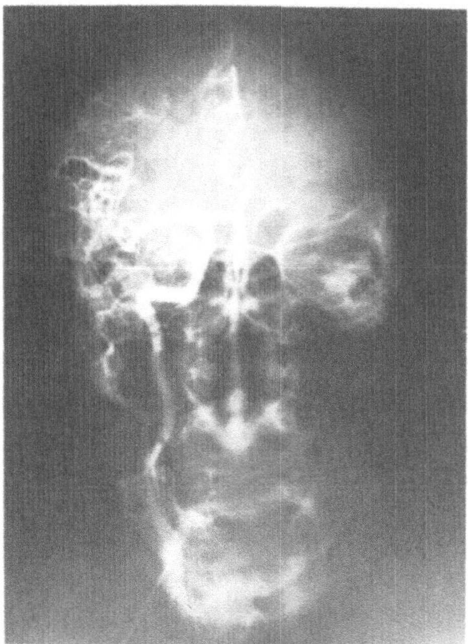

Abb. 32c

Das EEG zeigte einen normalen α-Typ ohne Herdbefund. Die Carotis-Arteriographie ergab ebenfalls keinen sicheren Tumornachweis; auffallend waren nur zwei kräftige Äste der A. carotis externa mit einer Verlaufsrichtung zur rechten oberen Zentralregion. Die Technetium-Scintigraphie ließ nur eine diskrete, nicht eindeutige sinusnah rechts paramedian gelegene Anreicherung in Höhe der Zentralregion erkennen (s. Abb. 32).

Operativ fand sich eine kleinkastaniengroße, rechts zentroparietal im Bereich der Mantelkante gelegene Metastase eines bisher — acht Monate nach der Operation — unbekannt gebliebenen Primärtumors.

Wie Abb. 32 eindrucksvoll zeigt, ist die SRAP-Amplitude lokalisiert im Handfeld (C 8) um etwa das Vierfache erhöht.

Diese elektrosensibel lokalisierbare cerebrale Übererregbarkeitszone ist als pathologisches Zeichen der Erregung neuronaler Elemente zu werten, obwohl auch in diesem Falle im EEG keinerlei Zeichen einer fokalen erhöhten Krampfbereitschaft zu finden waren.

Von *22 von uns untersuchten Patienten mit einer symptomatischen Epilepsie* hatten allein elf ein normales Hirnstrombild. Bei acht von diesen elf Patienten ergab der SRAP-Befund einen eindeutigen Seitenhinweis, der jeweils durch die scintigraphischen, kontrastdiagnostischen oder operativen Ergebnisse bestätigt wurde.

Bei der *Analyse der SRAP-Veränderungen* waren auch bei motorischen oder sensiblen Jackson-Anfällen nicht nur Amplituden-Erhöhungen nachzuweisen; vielmehr standen bei den symptomatischen Epilepsien, besonders bei den fokal beginnenden Grand mal-Anfällen, weniger häufig bei den psychomotorischen Anfällen, Latenzverzögerungen, Amplitudenreduktionen oder gar komplette SRAP-Verluste zahlenmäßig im Vordergrund der erhobenen Befunde (s. auch Abb. 29 u. 30).

Wie schon bei den Hirntumoren betont wurde, kann bei occipitalen oder frontalen Prozessen wegen der speziellen Beziehung der afferenten Bahnen zum Gyrus postcentralis und weniger auch zum Gyrus praecentralis nicht mit einer SRAP-Alteration gerechnet werden. Es sind daher z.B. in der Regel Adversiv-Grand-mal-Anfälle mit Hilfe der SRAP nicht weiter lokalisierbar. Umgekehrt kann allein aus anatomischen Gesichtspunkten eine SRAP-Veränderung immer dann erwartet werden, wenn der Gyrus post- oder praecentralis, die entsprechenden „Assoziationsfelder" oder zugehörige thalamo-corticale Erregungskreise betroffen sind. Klinisch ist dies immer bei sensiblen und motorischen Jackson-Anfällen, streng fokal beginnenden Grand mal-Anfällen und begrenzt auch bei psychomotorischen Anfällen der Fall. So konnten wir eine pathologische SRAP-Erhöhung lokalisiert auch bei einer Angiomepilepsie mit psychomotorischen Anfällen und klinisch nur nachweisbarer Quadrantenanopsie nachweisen, obwohl bei normalem EEG-Befund das Angiom eine parieto-occipitale Lokalisation besaß.

Die *Zuordnung einzelner pathologischer SRAP-Charakteristika zu bestimmten pathologisch-anatomischen Krankheitsbildern, dem EEG-Befund, dem klinischen Korrelat oder der jeweiligen Epilepsieform* ist, soweit eine Aussage bei dem begrenzten Krankengut erlaubt ist, nicht möglich. So kann auch bei gleicher Epilepsie-Ätiologie nicht auf eine bestimmte SRAP-Form geschlossen werden. Dies zeigt sich beispielsweise bei den sechs untersuchten Patienten mit einer Angiom-Epilepsie, wo nur bei einem Patienten mit psychomotorischen Anfällen und normalem EEG eine pathologische seitendifferente SRAP-Amplitudenzunahme nachweisbar war. Auch läßt eine motorische, sensible oder sensomotorische Jackson-Epilepsie nicht unbedingt einen pathologischen lokalen Amplitudenanstieg erwarten (Abb. 29), wie umgekehrt eine Sensibilitätsstörung nicht in jedem Falle mit einer Amplitudenreduktion oder gar einem SRAP-Verlust einhergeht. Vor solchen Schlußfolgerungen warnen überzeugend die SRAP-Befunde bei dem in Abb. 31 beschriebenen Meningeom; hier ging eine Hemihypaesthesie mit einem pathologischen Amplitudenanstieg einher.

Diese Ergebnisse stehen in einem gewissen Widerspruch zu den von Bacia und Reid (1967) mitgeteilten Befunden. Diese Autoren führten Medianusnervenstammreizungen durch und betonten, daß bei zwölf untersuchten Patienten mit einer fokalen Epilepsie und einem EEG-Herd ein entsprechender SRAP-Seitenhinweis bestand, und daß immer ein SRAP-Amplitudenanstieg über der betroffenen Hemisphäre nachzuweisen war. Foster et al. (1949) haben über ein fünf Monate altes Mädchen mit einer 500 μV hohen Reizantwort im EEG nach mechanischer Stimulation der Schulter berichtet; es lag in diesem Falle aber keine symptomatische Epilepsie vor, sondern eine sehr seltene sogenannte „somatosensible Reflexepilepsie", wie sie in einem weiteren Falle Hrbkova (1969) und in drei Fällen de Marco und Negrin (1973) beschrieben haben. Ein Vergleich mit den SRAP-Befunden dieser Autoren ist daher wegen der unterschiedlichen Diagnosen nicht möglich.

Laget et al. (1967) haben ebenso wie die bereits zitierten Autoren Bacia und Reid sechs Fälle von fokaler Epilepsie mit korrespondierenden EEG-Herden untersucht und weisen — sicher zu pauschal — darauf hin, daß eine SRAP-Amplitudenminderung für eine Sensiblilitätsstörung und eine Amplitudenerhöhung für eine Epilepsie spricht. So haben Takahashi et al. (1970) erhöhte somatosensorische und visuelle RAP auch bei der Hyperthyreose beschrieben. Keine Amplitudenerhöhung der optischen RAP fanden Richey et al. (1966) bei Migräne-Patienten, obwohl man solche Befunde wegen der gelegentlich nachweisbaren paroxysmalen, generalisierten Dysrhythmie oder sogar typischen Krampfpotentialabläufen im EEG erwarten könnte.

Unsere Ergebnisse erlauben nur die *Feststellung*, daß eine SRAP-Amplitudenerhöhung für das Überwiegen eines excitatorischen Faktors und somit für eine Epilepsie verschie-

96

denster Genese sprechen kann. Es läßt sich aber nicht zwingend folgern, daß eine Amplitudenreduktion gegen ein epileptisches Leiden und für eine klinische Sensibilitätsstörung spricht. Die unterschiedlichen Befunde sind letztlich nicht erklärbar, wenn auch zu beachten ist, daß die zitierten Untersucher nur Epilepsien mit EEG-Herden stimulierten und dabei Medianusnervenstammreizungen durchführten.

Unumstritten ist demgegenüber unter allen Untersuchern die Auffassung, daß die *Anwendung optischer RAP* für die Klinik symptomatischer Epilepsien keinen diagnostischen Wert hat (Bacia u. Reid, 1967; Creutzfeldt u. Kuhnt, 1967; Lücking et al., 1970a, b). Zunächst hatte man nämlich hiermit klinisch relevante Befunde erhofft, da die visuellen RAP bei genuiner Epilepsie mit hereditärer Komponte — auch unter Berücksichtigung der großen interindividuellen Variabilität — oft deutliche Amplitudenerhöhungen aufweisen.

b) Genuine Epilepsie

An Patienten mit genuiner Epilepsie konnte eine Arbeitsgruppe um Morocutti (1966) erhöhte optische RAP auch dann feststellen, wenn sicher keine photogene Epilepsie vorlag. Die Autoren fanden besonders dann erhöhte RAP, wenn auch das EEG typische Krampfpotentiale aufwies; zu Recht betonten sie daher abschließend den geringen diagnostischen Wert ihrer Befunde. Welche Epilepsie-Formen (Aufwach-, Schlaf-, diffuse Grand mal) im einzelnen untersucht wurden, ist leider ebenso wenig zu ersehen, wie aus der gleichwertigen Arbeit von Kirpichenko und Loginov (1973).

Die ausgeprägtesten RAP-Amplitudenerhöhungen nach optischer Stimulation werden bei *nachgewiesener Photosensiblität* beschrieben (Cernacek u. Ciganek, 1962; Hazemann, 1972; Dimov et al., 1972; Meier-Ewert u. Hoffmann, 1973). Dabei scheint der Basisdefekt der Photosensibilität oft multimodaler Genese im Sinne einer diffusen Excitabilität zu sein, da von den Sinnesmodalitäten nicht nur die optischen, sondern auch die somatosensorischen RAP deutlich in ihrer Gesamtheit erhöht sind. Die SRAP zeigen allerdings besonders für die Potentialspitzen ab 60 msec nach dem Reiz auch eine deutliche Latenzverzögerung (Broughton et al., 1969; Green, 1971; Zenkov et al., 1973).

Eigene systematische Untersuchungen bei Photosensibilität liegen nicht vor. Allerdings erbrachten die SRAP-Untersuchungen bei einer 15jährigen Patientin mit einer Musterepilepsie — sie ist bekanntlich als spezielle Form der Photoepilepsie aufzufassen (klinische kasuistische Einzelheiten s. bei Rabe u. Wahl, 1974) — deutliche pathologische Amplitudenerhöhungen der späten SRAP-Anteile. Betrachtet man dagegen das optische RAP der gleichen Patientin, so ist überraschenderweise die Amplitudenausprägung noch zum oberen, interindividuell sehr breit streuenden Normbereich zu zählen (s. Abb. 33b).

Abb. 33 a—c. Somatosensorische Reizantwortpotentiale von 200 msec langen Reizfolge- ▶
applikationen („Train"). Die Eigenfrequenz der Trains beträgt 1,5 Hz; die Einzelimpulsfrequenzen innerhalb der Reizfolgen sind 1,5 Hz, 10 Hz und 20 Hz. (a) Normalperson,
(b) Muster-Epilepsie (spezifische Form einer Photosensibilität), (c) Myoklonusepilepsie.
Zu beachten sind die Eichzacken, insbesondere bei der dritten Patientin (c), und die an-
steigenden Amplituden (Facilitation) bei den Frequenzen 10 und 20 Hz im Falle c.
(Unveröffentlicht)

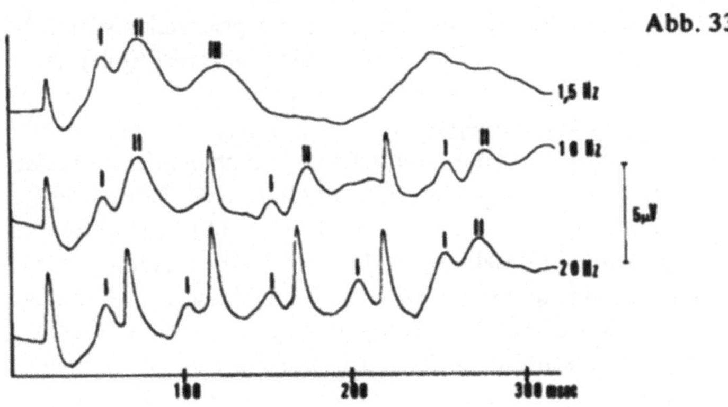

Abb. 33a

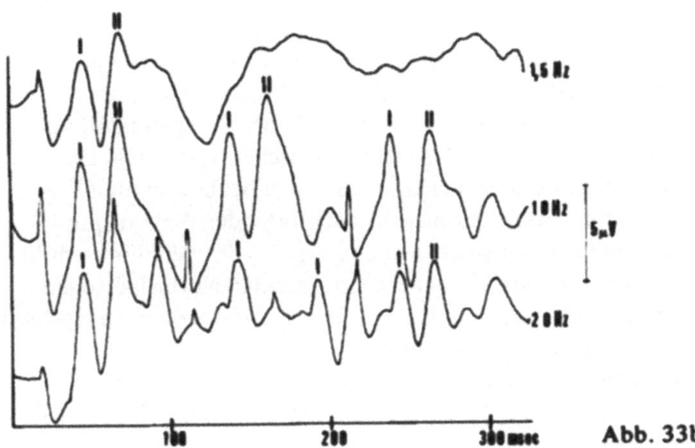

Abb. 33b

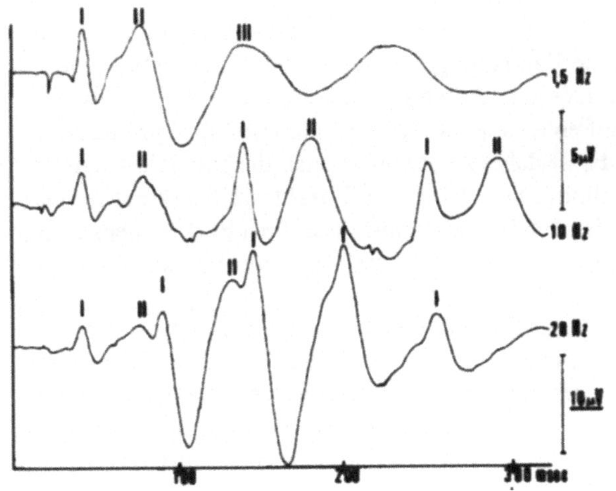

Abb. 33c

Pathologische SRAP-Erhöhungen im Rahmen der genuinen Epilepsie finden sich nicht nur bei ausgeprägter Photosensibilität, bei Aufwach-, Feierabend-, Petit mal-Epilepsie oder aber bei den seltenen Formen somatosensibler Reflexepilepsien, sondern sie werden auch als typisches Kennzeichen der *Myoklonusepilepsien* beschrieben. Die Amplitudenerhöhungen der SRAP schwanken sowohl bei der essentiellen wie auch bei der progressiven Form der Myoklinusepilepsie vom Einfachen bis zum Zehnfachen der Normalwerte, ohne daß Latenzzeitzunahmen angegeben werden (Dawson, 1947; Giblin, unveröffentlicht nach Halliday, 1967a, b; Green, 1969; Halliday u. Halliday, 1970). Als interessanten Nebenbefund haben Dawson (1947) und später Giblin auf eine Phase einer Facilitation für den zweiten Reiz bei Applikation von Doppelimpulsen mit einer Interstimuluszeit von 60–70 msec aufmerksam gemacht, die in ihrem Ausprägungsgrad deutlich von den Normalbefunden abweicht (Gartside et al., 1966; Tsumoto et al., 1972).

Myoklonusepilepsien stellen in einer neurologischen Klinik eine Rarität dar, und wir selbst hatten erst einmal Gelegenheit, eine 68jährige Patientin zu untersuchen, die seit zwei bis drei Jahren unter distal betonten, besonders an den beiden Armen zu beobachtenden Myoklonien zu leiden hatte. Diagnostisch wurde zunächst an eine psychogene Störung gedacht und die mit den Myoklonien einhergehenden "spike-wave"-ähnlichen Abläufe im EEG als Artefakteinstreuungen angesehen. Die Untersuchung mit 200 msec langen Reizfolgen ("Trains") und Einzelimpulsfrequenzen zwischen 1,5 und 40 Hz erbrachte dann deutlich erhöhte SRAP-Amplituden und zusätzlich bei bestimmten Frequenzen eine Facilitation der auf die erste Reizantwort nachfolgenden Antwortpotentiale. Dieser außergewöhnliche Befund war weder mit den Ergebnissen bei Photosensibilität noch mit den Reizfolgeantworten von bisher acht untersuchten Normalpersonen vergleichbar (s. Abb. 33 und Namerow et al., 1974) und mußte allein elektrodiagnostisch die Verdachtsdiagnose Myoklonusepilepsie erhärten.

Möglicherweise kann zukünftig die Anwendung somatosensorischer Stimulation in Form von Einzel-, Doppel- und *Reizfolge- (train)-Reizen* weitere differentialdiagnostische Kriterien bei bestimmten genuinen Epilepsieformen erbringen. So kann man beispielsweise erwarten, daß die *absoluten und relativen Refraktärzeiten* für die Latenzen und Amplituden der einzelnen SRAP-Spitzen bei Epilepsie-Patienten generell oder lokalisiert kleiner sind, da sich nach den Untersuchungen von Bergamasco (1966) mit optischen Reizen nach Cardiazolgabe eine Verkürzung auslösen läßt. Die corticale Wiedererregbarkeit hängt ja u.a. von der Dauer der relativen Refraktärperiode der corticalen Neurone ab, welche die Antwort auf einen applizierten sensiblen Stimulus produzieren (Bergamini u. Bergamasco, 1975). Es ist daher zu vermuten, daß die corticale Wiedererregbarkeit bei Epilepsiepatienten erhöht und folglich die Refraktärzeit verkürzt ist. Ob dies allerdings bei genuinen Epilepsien cerebral generalisiert und bei Focusepilepsien nur in bestimmten Hirnarealen nachweisbar ist, müssen zukünftige Untersuchungen noch zeigen.

Ableitungen mit beidseitigen Reizfolge-Stimulationen verschiedener Frequenzen könnten beim Vergleich mit dem klinischen Befund und den EEG-Ergebnissen weitere Aussagen über die Störung der intracorticalen Erregungsverarbeitung und Aufschlüsse über die jeweilige Art der corticalen Funktionsstörung liefern. Wenn solche Untersuchungsreihen auch erst am Anfang stehen, so darf man doch schon jetzt differentialdiagnostisch interessante Kriterien bei der Abwägung der einzelnen genuinen Epilepsie-Formen erwarten.

4. Vergleich der Aussagekraft von SRAP und EEG bei intrakraniellen Erkrankungen

Wenn Storm van Leeuwen noch 1975 betont, daß akustische, optische und somatosensorische RAP im Vergleich zum EEG bei raumfordernden cerebralen Erkrankungen kaum von diagnostischem Wert seien, so muß diese Auffassung zumindest für die somatosensorischen RAP aufgrund der vorliegenden SRAP- und EEG-Befunde als überholt gelten.

a) Lokale cerebrale Prozesse

Lokale cerebrale Prozesse können immer dann zu *SRAP-Veränderungen* führen, wenn sie in unmittelbarer Nähe oder direkt im Verlauf der spinothalamischen bzw. thalamocorticalen Bahnen gelegen sind oder aber zu einer Beeinträchtigung der somatotopisch gegliederten Gyri post- und praecentralis führen. Liegen nur Störungen der „Assoziationsfelder" vor, so ist auch ein isoliertes Betroffensein der späten SRAP-Anteile möglich. Neben diesen primär cerebralen Prozessen darf eine SRAP-Veränderung auch dann erwartet werden, wenn sich zwischen normalem SRAP-Entstehungsort und den Ableiteelektroden irgendwelche lokalen Überleitungsstörungen auswirken, wie dies z.B. bei epiduralen oder subduralen Hämatomen der Fall sein kann.

Keine SRAP-Alterationen sind demnach bei frontal, präzentral,, cerebellär oder occipital lokalisierten Prozessen zu erwarten. Nur occipitale Erkrankungen scheinen mit optischen RAP weiter differenzierbar zu sein, lassen aber im Vergleich zum EEG-Befund keine zusätzlichen diagnostischen Hinweise erhoffen (Kooi et al., 1965; Creutzfeldt et al., 1966).

Das Elektroencephalogramm erfaßt im Vergleich zu den SRAP nur schlecht oder überhaupt nicht basal, cerebellär oder mittelständig lokalisierte Erkrankungen. Oft geben sich auch extracerebral lokalisierte raumfordernde Prozesse wie Hämatome oder Meningeome bei entsprechender räumlicher Begrenztheit nicht im Hirnstrombild zu erkennen. Darüber hinaus können die Angiome ganz unabhängig von ihrer Lokalisation und Größe über lange Zeit selbst dann hirnelektrisch stumm bleiben, wenn sich eine fokale Epilepsie entwickelt hat.

Beachtet man diese unterschiedlichen Projektionsfelder von SRAP und EEG, so überrascht es nicht, daß sich der *EEG-Herdbefund und die lokale pathologische SRAP-Veränderung häufig entsprechen.* Dies konnte sowohl bei cerebrovasculären Insulten und gutartigen raumfordernden Prozessen mit und ohne symptomatische Epilepsie als auch bei fokalen Epilepsien noch unbekannter Ätiologie aufgezeigt werden (Sokolova, 1965; Bacia u. Reid , 1967; Bergamini u. Bergamasco, 1967; Jörg, 1975). Differenzierungen, wie sie das EEG oft bei Herden vasculärer oder raumfordernder Genese gestattet, sind mit Hilfe der Reizantwortpotentiale nicht möglich. Auch ließen sich Korrelationen zwischen der Art der SRAP-Veränderungen und dem jeweiligen EEG-Focus bisher nicht feststellen. Pathologische SRAP-Amplitudenerhöhungen weisen ebenso wie Krampfpotentiale auf eine cerebrale Übererregbarkeit und folglich auf ein epileptisches Anfallsleiden hin, andere pathologische SRAP-Veränderungen oder Herdbefunde im EEG ohne Krampfpotentiale schließen aber eine Epilepsie keineswegs aus.

Die eindeutig *pathologische lokale SRAP-Veränderung bei normalem EEG-Befund*,
wie sie bei Meningeomen und besonders bei Angiomen aufgezeigt werden konnte, erlaubt
die Annahme, daß SRAP-Veränderungen als Zeichen einer Funktionsstörung des dem
Reiz zugeordneten primären und sekundären Rindenfeldes schon zeitlich vor EEG-Sei-
tendifferenzen auftreten können. Dies mag im wesentlichen mit der Tatsache zu erklären sein, daß sich raumfordernde Prozesse, z.B. von der Größe einer Bohne, im Hirnstrombild nicht mehr nachweisen lassen können. Miyoshi et al. (1971) konnten darüber
hinaus aber auch bei cerebrovasculären Erkrankungen einen höheren Prozentsatz von
SRAP-Veränderungen gegenüber den EEG-Herdbefunden nachweisen.

Im Gegensatz zu dieser guten, oft über das EEG hinausgehenden lokalisationsdiagnostischen SRAP-Aussage bei Meningeomen, apoplektischen Insulten und insbesondere
Angiomen, ist bei *sicherem EEG-Herdbefund und besonders schnell progredienten raumfordernden Prozessen* die Aussagekraft der pathologischen SRAP-Befunde eingeschränkt
und erbringt gegenüber dem EEG keinen zusätzlichen Hinweis. Die Tatsache, daß die
SRAP im Anfangsstadium einer lokalen cerebralen Erkrankung schon vor dem Nachweis
eines EEG-Herdbefundes verändert sein können, erklärt es auch, daß sie in den fortge-
schrittenen Erkrankungsstadien aufgrund ihrer leichten Vulnerabilität durch Begleit-
ödeme, Verdrängungsmechanismen etc. falsch positive Befunde für die primär nicht betroffenen Hirnareale (z.B. andere Hemisphäre) liefern können.

Erstaunlicherweise haben Götte et al. (1973) bei drei Patienten mit Hemisphären-
schädigung eine lokale SRAP-Veränderung nach Medianusreizung über dem gestörten
Bereich nachgewiesen, obwohl das Hirnstrombild zwar eine Allgemeinveränderung, aber
keinen Herdbefund aufzeigte. Wenn auch in den beschriebenen drei Fällen eine Nervenstammreizung erfolgte und sich die Seitendifferenz im wesentlichen durch Latenzverzögerungen ausdrückte, so erscheint uns diese SRAP-Differenzierungsmöglichkeit in so
schweren Krankheitsstadien doch sehr ungewöhnlich. Erst weitere umfangreichere
SRAP- und EEG-Untersuchungen bei den verschiedenen cerebralen Erkrankungen werden hier weiteren Aufschluß über die differentialdiagnostischen Möglichkeiten der SRAP-
Anwendung geben können.

b) Diffuse cerebrale Schädigungszeichen und Allgemeinveränderungen im EEG

Diffuse cerebrale Schädigungszeichen mit einer Allgemeinveränderung im EEG weisen
eine gute Korrelation zur Koma-Tiefe und den RAP-Veränderungen auf, gleichgültig, ob
die Bewußtseinsstörung klinisch auf dem Boden von Stoffwechselerkrankungen, cerebraler Hypoxie oder endogenen und exogenen Vergiftungen entstanden ist.

So fanden Dolce et al. (1972) bei apallischen Syndromen SRAP-Spitzen erst ab 80—
90 msec nach dem Reiz, der EEG-Grundrhythmus schwankte entsprechend im 2—4 sec-
Bereich. Lille et al. (1968) haben optische, akustische und somatosensorische RAP bei
Komata verschiedenster Ätiologien untersucht und konnten mit zunehmender Bewußt-
seinsstörung eine RAP-Latenzzunahme, Amplitudenabnahme und Abnahme der RAP-
Spitzen beobachten; im Gegensatz zu dieser durchgehend guten Korrelation zwischen
RAP-Veränderung und Koma-Stadium war eine gleichwertige Beziehung zwischen RAP-
Alteration und EEG-Allgemeinveränderung nur bei schweren Grundrhythmusverlangsa-
mungen zu finden.

Götte et al. (1973) haben entsprechend einer Rückbildung von einem "burst-suppression"-Muster zu einer kontinuierlichen δ bis ϑ-Aktivität im Hirnstrombild eine gleichzeitige SRAP-Latenzverkürzung nach Medianusnervenstammreizung beobachtet und betonten die gute Korrelation zwischen SRAP-Befund und EEG-Grundrhythmus bei CO-, Atropin-, Morphin- und Schlafmittel-Vergiftung.

Die sukzessive Auslöschung der einzelnen RAP-Gipfel mit primärem Betroffensein der späten Komponenten ist neben der zunehmenden Latenzverzögerung das zweite Merkmal der Koma-Vertiefung. Die Ursache des jeweiligen Komas ist im Gegensatz zur Tiefe der Bewußtseinsstörung nur von sekundärer Bedeutung.

c) Reizantwortpotentiale und EEG zur Zeitbestimmung des cerebralen Todes

Götte et al. konnten bei zwei Patienten mit Schlafmittelvergiftungen trotz eines Null-Linien-EEGs noch das Erhaltenbleiben der ersten SRAP-Potentialspitze nachweisen. Diese Autoren weisen aufgrund dieser Befunde auf die Möglichkeit hin, mit Hilfe der RAP-Applikationen noch eine Differenzierung zwischen schweren zentralen Funktionsstörungen und irreversiblen kompletten Funktionsausfällen über die Grenzen der EEG-Diagnostik hinaus vorzunehmen.

Uns ist es zweifelhaft, ob sich eine so optimistische Aussage tatsächlich aufrecht erhalten läßt. Zum einen kann eine völlige Funktionslähmung selbstverständlich auch durch Vergiftungen entstehen und einen kompletten RAP-Verlust hervorrufen; zum anderen sind die Möglichkeiten eines SRAP-Verlustes unter Berücksichtigung des afferenten Projektionssystems von peripher über spinal nach cerebral hin doch zu groß, um aus einem Potentialverlust auch nach Nervenstammreizung bei gleichzeitigem Null-Linien-EEG auf eine irreversible cerebrale Schädigung schließen zu können. Trotz dieser Einschränkungen ist der Spitzennachweis bei einem Null-Linien-EEG in jedem Falle bemerkenswert, beweist er doch, daß ein spannungsloses Hirnstrombild nicht mit einer irreversiblen cerebralen Funktionsstörung gleichgesetzt werden darf und die noch nicht komplett ausgefallene Funktion mit Hilfe der RAP nachweisbar sein kann.

Sieht man einmal von einzelnen Fallmitteilungen wie den beiden Schlafmittelvergiftungen ab, so scheint in der überwiegenden Zahl der Fälle mit der zunehmenden Komatiefe der RAP-Verlust dem Erlöschen der EEG-Aktivität vorauszugehen (Arfel u. Walter, 1971; Götte et al., 1973; Arfel, 1973). Umgekehrt ist bei schweren rückläufigen cerebralen Störungen (beispielsweise nach Herzstillständen oder Narkosezwischenfällen) ein Potentialverlust auch dann noch festzustellen, wenn sich im EEG schon wieder "burst-suppression"-Muster aufzeigen lassen.

Die frühe RAP-Alteration und das vergleichsweise zum EEG-Befund stärkere Betroffensein entsprechen den Ergebnissen bei schnell wachsenden Tumoren im Cerebrum und Rückenmark und weisen darauf hin, daß der frühzeitige RAP-Verlust noch vor dem Verschwinden der cerebralen Spontanaktivität ihre alleinige neurophysiologische Anwendung zur Todeszeitbestimmung ausschließen muß.

Wenn auch die Fälle von RAP-Nachweis bei Null-Linien-EEG sicher selten bleiben, so relativiert allein schon ihr Vorkommen die Wertigkeit des Null-Linien-EEGs für die Todeszeitbestimmung und weist auf die unabdingbare Forderung einer genauen neurologischen Befunderhebung hin. Nur eine entsprechende Anamnese, fehlende cerebrale Reflexe bei tiefer Bewußtlosigkeit, Null-Linien-EEG und bei Untersuchung RAP-Verlust können den Hirntod aufzeigen; eine elektrodiagnostische Feststellung des Hirntodes aber gibt es allein für sich nicht.

So konnten Oftedahl et al. (1970, 1971) bei einem Patienten mit vorübergehendem Herzstillstand RAP nach Ulnarisreizung bei fraglicher Aktivität im EEG nachweisen. Trojaborg und Jorgensen berichteten 1973 von 50 kontrolliert beatmeten, tief bewußtlosen Patienten mit Null-Linien-EEG, welche in 19 Fällen noch RAP nach optischer und Medianusnervenstammreizung aufwiesen. Bei allen diesen 19 Patienten bestanden aber auch noch nachweisbare cerebrale Reflexe. Die beiden Autoren betonten daher, daß der Hirntod nur dann gesichert ist, wenn tiefe Bewußtlosigkeit besteht, ein Null-Linien-EEG nachzuweisen ist, keinerlei RAP auslösbar sind und alle cranialen Reflexe fehlen. Als Nebenbefund ist die Tatsache bemerkenswert, daß sich bei den übrigen 31 Patienten ohne cerebrale Reflexe und ohne RAP in 20 arteriographisch untersuchten Fällen kein arterieller Durchfluß mehr nachweisen ließ.

Faßt man zusammen, so sind Reizantwortpotentialuntersuchungen zum Nachweis einer *irreversiblen Hirnschädigung* bei Bewußtlosigkeit und fehlenden cerebralen Reflexen unter Berücksichtigung der Anamnese und Klinik dann indiziert, wenn trotz Verstärkung und einer Zeitkonstante von 1,0 über die Null-Linie im EEG auch bei Kontrolle über einen längeren Zeitraum keine absolute Sicherheit besteht und Artefakteinstreuungen wahrscheinlich sind. Letztlich sollte der Nachweis eines Hirntodes aber für den Kliniker auch bei sicherer Anamnese und typischem neurophysiologischem und neurologischem Befund in erster Linie von einer hinreichend langen Beobachtungsdauer dieses Zustandes abhängen, um so völlige Sicherheit zu erlangen. Diesen Zustand noch durch die angiographische Untersuchung des Carotis- und Vertebralis-Basilaris-Kreislaufes zu besiegeln, ist allerdings — wenn man von bestimmten Fragen bei der Organtransplantation absieht — noch weniger zu vertreten als die Untersuchung der Reizantwortpotentiale.

VII. Zusammenfassung

Sensible Hautreize rufen beim gesunden Menschen in wachem Zustand eine Sinneswahrnehmung hervor; neurophysiologisch führen sie immer zu einer Änderung der bioelektrischen Hirnaktivität und zum Auftreten sensibler Nervenaktionspotentiale (NAP).

Die elektrosensible Untersuchung beinhaltet die Ableitung der sensiblen NAP und der somatosensorischen corticalen Reizantwortpotentiale (SRAP) über der kontralateralen Postzentralregion nach segmentaler Hautreizung und erfaßt damit das gesamte sensible System.

Die aufgeführten Ergebnisse sollen aufzeigen, daß mit dieser Untersuchungsmethode zusätzlich zu den bisherigen neurophysiologischen Untersuchungsmethoden (EMG, motorische NLG und EEG) eine diagnostische Lücke in der neurologischen Untersuchungstechnik geschlossen werden kann.

Normale Befunde der SRAP und der sensiblen Nervenleitungsgeschwindigkeit (NLG) erlauben den Schluß auf die Funktionstüchtigkeit des peripheren Organs, welches den physikalischen Reiz in biologische Potentiale umwandelt, auf ein funktionstüchtiges afferentes Leitungssystem und auf eine adäquate Reizverarbeitung der corticalen Neurone.

Nach einem kurzen geschichtlichen Rückblick und dem Hinweis auf sinnesphysiologische, neurophysiologische und psychologische Probleme der SRAP-Beurteilung werden zunächst die anatomischen und methodischen Grundlagen dargestellt und dabei die Variabilität der SRAP-Befunde im Hinblick auf die Reiz- und Ableite-Technik und die Intaktheit der spinothalamischen und Hinterstrang-Bahnen betont.

Als Grundlage einer klinischen Anwendung zur Lokalisierung afferenter Störungen im peripheren, spinalen oder cerebralen Bereich werden die Normalwerte der SRAP-Latenzen und -Amplituden für die Hautsegmente C 4–L 5 und die sensiblen NLG-Werte mitgeteilt und besonders auf die Möglichkeit einer NLG-Bestimmung bis hin zur Cauda equina hingewiesen.

Die corticale Spezifität der sensiblen Reizantworten wird im Vergleich mit anderen sensorischen Reizen an Hand der typischen, reproduzierbaren Maxima- und Minima-Auslenkungen aufgezeigt und die SRAP-Abhängigkeit von methodischen, medikamentösen, psychologischen und individuellen Parametern besprochen. Die Kriterien der NLG- und SRAP-Bewertung, die Ätiologie der Reizantwortpotentiale, die Fehlermöglichkeiten und Grenzen ihrer Aussagekraft werden erarbeitet.

Die SRAP bei verschiedenen adäquaten Reizungen der Haut weisen gleichartige Befunde auf und können somit nicht als neurophysiologisches Substrat einer spezifischen sensiblen Empfindung angesehen werden.

Nach Besprechung der funktions- und lokalisationsdiagnostischen Aussagekraft der SRAP für das gesamte sensible System werden Kriterien der einzelnen Potentialbeurtei-

104

lungen wie auch der Untersuchung im Seitenvergleich als *Grundlage der klinischen NAP-und SRAP-Bewertung in Kapitel II und III* erarbeitet.

Peripher neurogene Erkrankungen *(Kapitel IV)* führen zu pathologischen SRAP-Befunden. Während dem bei distal gelegener Schädigung auch eine gestörte sensible NLG entspricht, ist diese bei proximal lokalisierten Affektionen meist normal. Diese Diskrepanz erlaubt eine lokalisatorische Erfassung der proximalen Affektionen, die über die Möglichkeiten von EMG und motorischer NLG hinausgeht. Als Beispiele werden das Scalenussyndrom mit und ohne Halsrippe und die zahlreichen radiculären Erkrankungen verschiedenster Ätiologien erwähnt. Auf den Wert der Lumbalpunktions-Ableitung zur diagnostischen Klärung lumbaler Radiculitiden und bandscheiben-bedingter Wurzelsyndrome wird hingewiesen und betont, daß diese Untersuchungstechnik im Gegensatz zur Myelographie nicht nur risikolos ist, sondern auch einen direkten Schädigungsnachweis liefert. Auf die NLG-Verzögerung der schnellst leitenden Fasern proximal der Läsionsstelle, die NAP-Desynchronisierung und -Reduktion wird aufmerksam gemacht und die Ursache der NLG- und SRAP-Veränderungen diskutiert.

Bei **Rückenmarkserkrankungen** *(Kapitel V)* ermöglichen EMG-, NLG- und SRAP-Untersuchung einen direkten segmentalen oder querschnittsmäßigen Läsionsnachweis am peripheren Motoneuron und an den afferenten spinalen Bahnen. Die höhendiagnostischen Ergebnisse von Querschnittssyndromen auf dem Boden raumfordernder, traumatischer, vasculärer oder myelitischer Prozesse zeigen, daß die SRAP durch ihre charakteristischen Veränderungen gegebenenfalls auch schon vor dem Nachweis von Sensibilitätsstörungen eine afferente spinale Schädigung aufzeigen können.

SRAP-Veränderungen sind aber auch in Fällen mit einer dissoziierten Sensibilitätsstörung für Schmerz und Temperatur nachzuweisen und trotz zahlreicher widersprüchlicher Literaturangaben nicht nur bei epikritischen Störungen zu finden. Die Art der SRAP-Veränderungen läßt weder auf eine Sensibilitätsstörung als solche noch auf einen spezifischen Sensibilitätsausfall oder eine bestimmte Grundkrankheit schließen. Pathologische SRAP-Veränderungen weisen nur eine organische Läsion im Bereich der sensiblen Bahnen nach, da sie bei psychogenen Sensibilitätsstörungen nicht zu finden sind.

So fanden sich bei 43 von 44 Patienten mit einem objektivierten raumfordernden spinalen Prozeß als Zeichen eines elektrosensiblen Querschnittssegmentes ab einer bestimmten Segmenthöhe ein Potentialverlust oder ausgeprägte pathologische SRAP-Veränderungen. 29mal stimmten der SRAP- und der objektivierte Querschnittsbefund überein, dagegen entsprach die klinische Sensibilitätsgrenze nur in 15 Fällen dem pathologisch-anatomischen Höhenbefund. Dabei zeigte sich die klinische Sensiblitätsprüfung in vier Fällen dem elektrosensiblen Höhenbefund überlegen. Bei sieben Patienten fand sich nur ein elektrosensibler Querschnittsbefund, die Sensibilität war aber ungestört.

Raumfordernde spinale Prozesse können somit schon zu Störungen der afferenten Bahnen und folglich zu SRAP-Veränderungen führen, ehe die Funktionsstörung dem Patienten als Sensibilitätsminderempfindung imponiert und bei der klinischen Prüfung ein pathologischer Sensibilitätsbefund erhoben werden kann. Die Ätiologie der SRAP-Veränderungen wird an Hand der gleichwertigen sensiblen NLG-Ergebnisse beim Carpaltunnelsyndrom diskutiert.

Bei der cervicalen Myelopathie lassen sich Hinweise auf die Lokalisation des intraspinalen Prozesses und auf zusätzliche vasculäre Störungen aus Stärke und Art der betroffenen sensiblen Segmente entnehmen. Die Tatsache, daß alle raumfordernden spinalen Erkrankungen auch einen pathologischen SRAP-Befund aufwiesen, erlaubt es, bei einem normalen SRAP-Befund einen spinalen Prozeß mit großer Sicherheit auszuschließen. Umgekehrt kann mit Hilfe der SRAP ein Querschnittssyndrom auch ohne Sensibilitätsstörungen wahrscheinlich gemacht werden und unter Hinzuziehung der EMG- und NLG-Ergebnisse eine sichere elektrodiagnostische Aussage über die Höhenlokalisation erfolgen.

Untersuchungen an Patienten mit spinalen Durchblutungsstörungen oder schweren kardiovasculären Erkrankungen weisen in Übereinstimmung mit der Klinik ein bevorzugtes Betroffensein der oberen Thoracalsegmente nach, allerdings zeigen sich auch hier schon SRAP-Veränderungen, ehe Sensibilitätsstörungen nachweisbar sind.

Die multiple Sklerose verursacht häufig disseminiert und verschieden stark ausgeprägte pathologische SRAP und nur selten ein komplettes elektrosensibles Querschnittssyndrom.

Auf Ergebnisse der Oberflächenableitung über der Halswirbelsäule wird eingegangen und am Ende des V. Kapitels betont, daß sich der Wert der elektrosensiblen Untersuchung bei Rückenmarkserkrankungen zum einen in der häufigen Überlegenheit gegenüber der klinischen Sensibilitätsbestimmung zeigt und zum anderen hierin eine neue risikolose Hilfsmethode bei der Abgrenzung raumfordernder, vasculärer, traumatischer und entzündlicher Prozesse zu sehen ist. Auf die entsprechende Aussagekraft von Myelographie- und Myeloscintigraphie-Untersuchungen wird hingewiesen.

Bei **cerebralen Erkrankungen** *(Kapitel VI)* gibt die Untersuchung der SRAP im Vergleich zum EEG nicht nur eine lokalisatorische, sondern auch eine funktionsdiagnostische Möglichkeit. Auf erste Ergebnisse mit Doppelreizen und Reizfolgen bei Cerebralsklerotikern und Epileptikern wird hingewiesen. Ein über das EEG hinausgehender diagnostischer Aussagewert wird bei Angiomen, Meningeomen und bestimmten selteneren lokalen Störungen mit und ohne symptomatische Epilepsie gesehen, da hier oft normale Hirnstromkurven zu finden sind. Keine besondere Aussagekraft kommt dagegen den SRAP bei apoplektischen Insulten, schnell wachsenden raumfordernden Prozessen und bestimmten Tumorlokalisationen zu.

Untersuchungsergebnisse bei symptomatischen und genuinen Epilepsien erlauben bei pathologisch erhöhten SRAP-Befunden die Annahme einer allgemein oder lokalisiert erhöhten cerebralen neuronalen Erregbarkeit; erniedrigte oder fehlende SRAP schließen aber keineswegs eine Epilepsie aus.

Abschließend wird auf weitere mögliche Fragestellungen bei cerebralen Erkrankungen eingegangen und betont, daß die SRAP-Veränderungen als Zeichen einer Funktionsstörung der dem Reiz zugeordneten primären und sekundären Rindenfelder bei der Differenzierung von Grundrhythmusverlangsamungen im EEG oder der Klärung von Bewußtseinsstörungen bis hin zur Todeszeitbestimmung, von Einzelfällen abgesehen, keinen wesentlichen Wert haben. Dies schließt aber nicht aus, daß zwischen EEG-Stadium und der Art der SRAP-Veränderungen gewisse Korrelationen bestehen. Nur am Rande wird auf die Möglichkeit eingegangen, in Zukunft mit Hilfe der kombinierten Anwendung von optischen, olfaktorischen, akustischen und somatosensorischen Reizantwortpotentialen eine räumliche Abgreifung der einzelnen Hirnfunktionen vorzunehmen.

Literatur

Abrahamian, H.A., Allison, T., Goff, W.R., Rosner, B.S.: Effects of thiopental on human cerebral evoked responses. Anaesthesiology 24, 650–657 (1963).

Alajouanine, Th., Scherrer, J., Barbizet, J., Calvet, J., Verley, R.: Potentiels évoqués corticaux chez des sujets atteinte de troubles somesthésiques. Rev. neurol. 98, 757–767 (1958).

Allison, T.: Revocery functions of somatosensory evoked responses in man. Electroencephal. clin. Neurophysiol. 14, 331–343 (1962).

Arfel, G.: Wert der Untersuchung evozierter Potentiale bei der Diagnostik des Hirntodes. In: Die Bestimmung des Todeszeitpunktes (W. Krösl, E. Scherzer, Hrsg.), S. 123–135. Wien: Maudrich 1973.

Arfel, G., Walter, St.: Evoked potentials and coma. Acta neurol. belg. 71, 345–359 (1971).

Arnold, O.H., Burian, K., Gestring, G.F., Presslich, O., Saletu, B.: The effect of DMT and LSD on acoustic evoked pontentials. Electroencephal. clin. Neurophysiol. 30, 170 (1971).

Bacia, T., Reid, K.: Changes of light and somatosensory cerebral evoked potentials in patients with focal epileptic seizures. Pol. med. J. 6, 512–519 (1967).

Baker, J.B., Larson, S.J., Sances, A., White, P.T.: Evoked potentials as an aid to the diagnosis of multiple sclerosis. Neurology (Minneap.) 18, 286 (1968).

Ball, G.J., Saunders, M.G., Schnabl, J.: Determination of peripheral sensory nerve conduction velocities in man from stimulus response delays of the cortical evoked potentials. Electroencephal. clin. Neurophysiol. 30, 409–414 (1971).

Bartsch, W., Hopf, H.C.: Neue Beobachtungen über die Beziehungen zwischen Herzleistung und Rückenmarkskreislauf. Dtsch. Z. Nervenheilk. 184, 288–307 (1963).

Baust, W.: Diagnostik und Höhenlokalisation von Rückenmarksquerschnittssyndromen. In: Computerunterstützte ärztliche Diagnostik, S. 371–372. Stuttgart: Schattauer 1973.

Baust, W., Ilsen, H.W., Jörg, J., Wambach, G.: Höhenlokalisation von Rückenmarksquerschnittssyndromen mittels corticaler Reizantwortpotentiale. Nervenarzt 43, 292–304 (1972a).

Baust, W., Ilsen, H.W., Jörg, J., Wambach, G.: A neurophysiological method for the localisation of transverse lesions of the spinal cord. Acta neurochir. (Wien) 26, 352–353 (1972b).

Baust, W., Jörg, J., Lang, J.: Somatosensorische Reizantwortpotentiale bei adaequater Reizung und neurologischen Erkrankungen mit spezifischen Sensibilitätsstörungen. Z. EEG – EMG 45, 31–39 (1974).

Baust, W., Jörg, J., Wordmann: Untersuchungen zur Beeinflussung corticaler somatosensorischer Reizantwortpotentiale durch Pharmaka. Arzneimittelforschung 27, Nr. 2, 440–446 (1977).

Bay, E.: Agnosie und Funktionswandel. Berlin–Göttingen–Heidelberg: Springer 1950.

Beck, A.: Die Bestimmung der Localisation der Gehirn- und Rückenmarksfunctionen vermittelst der elektrischen Erscheinungen. Zbl. Physiol. **4**, 473–476 (1890).

Behse, F., Buchthal, F.: Normal sensory conduction in the nerves of the leg in man. J. Neurol. Neurosurg. Psychiat. **34**, 404–414 (1971).

Bergamasco, B.: Excitability cycle of the visual cortex in normal subjects during psychosensory rest and cardiazolic activation. Brain Res. **2**, 51–60 (1966).

Bergamini, L., Bergamasco, B.: Possibility of the clinical use of sensory evoked potentials transcranially recorded in man. Electroencephal. clin. Neurophysiol., Suppl. **26**, 114–122 (1967).

Bergamini, L., Bergamasco, B.: Excitability cycle of evoked responses. In: Handbook of Electroencephalography and clinical Neurophysiology, Vol. 8, p. 106–108. Amsterdam: Elsevier 1975.

Bergamini, L., Bergamasco, B., Fra, L., Gandiglio, G., Mombelli, A.M., Mutani, R.: Somato-sensory evoked cortical potentials in subjects with peripheral nervous lesions. Electromyography **5**, 121–130 (1965).

Bergamini, L., Bergamasco, B., Fra, L., Gandiglio, G., Mombelli. A.M., Mutani, R.: Réponse corticales et périphériques évoquées par stimulation du nerf dans la pathologie des cordons postérieures. Rev. neurol. **115**, 99–112 (1966).

Bickford, R.G.: Introduction and methodologic considerations. Electroencephal. clin. Neurophysiol. **24**, 293 (1968).

Bickford, R.G., Galbraith, R.F., Jacobson, J.L.: The nature of averaged evoked potentials recorded from the human scalp. Electroencephal. clin. Neurophysiol. **15**, 720 (1963).

Blair, A.W.: Sensory examinations using electrically induced somato-sensory potentials. Develop. med. child neurol. **13**, 447–455 (1971).

Brazier, M.A.B.: Varities of computer analysis of electrophysiological potentials. Electroencephal. clin. Neurophysiol., Suppl. **26**, 2–8 (1967).

Broser, F.: Topische und klinische Diagnostik neurologischer Krankheiten. München: Urban und Schwarzenberg 1975.

Broughton, R., Meier-Ewert, K.-H., Ebe, M.: Evoked visual, somato-sensory and retinal potentials in photosensitive epilepsy. Electroencephal. clin. Neurophysiol. **27**, 373–386 (1969).

Brown, H.A.: Internal neurolysis in the treatment of peripheral nerve injuries. Clin. Neurosurg. **17**, 99 (1970).

Buchthal, F., Rosenfalck, A.: Evoked action potentials and conduction velocity in human sensory nerves. Brain Res. **3**, 1–122 (1966).

Burchard, D., Kapp, H., Kornhuber, H.H.: Ein Kraft- und Weg-kontrolliertes mechanisches Reizgerät für Untersuchungen der somatischen Sensibilität. Pflügers Arch. ges. Physiol. **297**, R99 (1967).

Burian, K., Gestring, G.F., Hruby, S.: Evoked response audiometry under sedation. Electroencephal. clin. Neurophysiol. **28**, 212–217 (1970).

Buser, P.: Sensory organs and pathways. In: Handbook of Electroencephalography and Clinical Neurophysiology, Vol. 8, p. 5–11. Amsterdam: Elsevier 1975.

Callaway, E.: Correlations between averaged evoked potentials and measures of intelligence. Arch. Gen. Psychiat. **29**, 553–558 (1973a).

Callaway, E., Halliday, R.A.: Evoked potential variability: Effects of age, amplitude and methods of measurement. Electroencephal. clin. Neurophysiol. **34**, 125–133 (1973b).

108

Calmes, R.L., Cracco, R.Q.: Comparison of somatosensory and somatomotor evoked responses to median nerve and digital nerve stimulation. Electroencephal. clin. Neurophysiol. **31**, 547–562 (1971).

Calvet, J., Cathala, H.P., Contamin, F., Hirsch, J., Scherrer, J.: Potentiels évoqués corticaux chez l'homme. Rev. neurol. **95**, 445–454 (1956).

Cantor, F.K.: Evoked response studies of the thalamic pain syndrome. Acta neurol. scand. **49**, 280–286 (1973).

Caruso, G., Labianca, O., Ferrannini, E.: Effect of ischaemia on sensory pontentials of normal subjects of different ages. J. Neurol. Neurosurg. Psychiat. **36**, 455–466 (1973).

Cernàcek, J., Cigànek, L.: The cortical electroencephalographic response to light stimulation in epilepsy. Epilepsia 3, 303–314 (1962).

Cernàcek, J., Podivinsky, F.: Ontogenesis of handedness and somatosensory cortical response. Neuropsychologia 9, 219–232 (1971).

Chalke, F.C.R., Ertl, J.: Evoked potentials and intelligence. Life Sci. 4, 1319–1322 (1965).

Christian, W.: Das EEG in der Epilepsiediagnostik des Erwachsenenalters. Med. Welt **26**, 508–515 (1975).

Cigànek, L.: The effects of attention and distraction on the visual evoked potential in man: A preliminary report. Electroencephal. clin. Neurophysiol., Suppl. **26**, 70–73 (1967).

Cigànek, L.: Some problems of measurements of the evoked potentials. Electroencephal. clin. Neurophysiol. **24**, 294 (1968).

Cigànek, L., Ingvar, D.: Colour specific features of visual cortical responses in man evoked by monochromatic flashes. Acta physiol. scand. **76**, 82–92 (1969).

Cigànek, L., Shipley, T.: Colour evoked brain responses in man. Vision Res. **10**, 917–919 (1970).

Cigànek, M.L.: L'influence de la fréquence de la stimulation photique sur le potentiel évoqué chez l'homme. Rev. neurol. **99**, 198–201 (1958).

Clark, D.L., Rosner, B.S.: Neurophysiologic effects of general anesthetics: I. The Electroencephalogram and sensory evoked responses in man. Anesthesiology **38**, 564–582 (1973).

Cohn, R.: Simultaneous bilateral summated cortical responses to single and to variably delayed median nerve stimulation. Electroencephal. clin. Neurophysiol. **29**, 324 (1970).

Cooper, R., Osselton, J.W., Shaw, J.C.: Electroencephalographie. Stuttgart: Fischer 1974.

Coquery, J.M.: Changes in somaesthetic evoked potentials during movement. Brain Res. **31**, 361–378 (1971).

Coquery, J.M., Coulmance, M., Leron, M.-C.: Modifications des potentiels evoqués corticaux somesthesiques durant des mouvements actifs et passifs chez l'homme. Electroencephal. clin. Neurophysiol. **33**, 269–276 (1972).

Corletto, F., Gentilomo, A., Rosadini, A., Rossi, G.F., Zattoni, J.: Visual evoked responses during sleep in man. Electroencephal. clin. Neurophysiol., Suppl. **26**, 61–69 (1967).

Cracco, R.Q.: Travelling waves of the human scalp-recorded somatosensory evoked response: Effects of differences in recording technique and sleep on somatosensory and somatomotor responses. Electroencephal. clin. Neurophysiol. **33**, 557–566 (1972a).

Cracco, R.Q.: The initial positive potential of the human scalp-recorded somatosensory evoked-response. Electroencephal. clin. Neurophysiol. **32**, 623–629 (1972b).

Cracco, R.Q.: Spinal evoked response: Peripheral nerve stimulation in man. Electroencephal. clin. Neurophysiol. **35**, 379–386 (1973).

Cracco, R.Q., Bickford, R.G.: Somatomotor and somatosensory evoked responses. Arch. Neurol. **18**, 52–68 (1968).

Cracco, J.B., Cracco, R.Q., Graziani, L.J.: The spinal evoked response in infants and children. Neurology **25**, 31–36 (1975).

Creutzfeldt, O., Kugler, J., Morocutti, C., Sommer-Smith, J.A.: Visual evoked potentials in normal human subjects and neurological patients. Electroencephal. clin. Neurophysiol. **20**, 99–100 (1966).

Creutzfeld, O., Kuhnt, U.: The visual evoked potential: Physiological, developmental and clinical aspects. Electroencephal. clin. Neurophysiol., Suppl. **26**, 29–41 (1967).

Croft, Th.J., Brodkey, J.S., Nulsen, F.E.: Reversible spinal cord trauma: A model for electrical monitoring of spinal cord function. J. Neurosurg. **36**, 402–406 (1972).

Davis, H.: Interactions of tactile and electric stimuli with auditory potentials. Arch. klin. exp. Ohr.-, Nas.- u. Kehlk.-Heilk. **198**, 108–109 (1971).

Davis, H., Osterhammel, A., Wier, C.C., Gjerdingen, D.B.: Slow vertex potentials: Interactions among auditory, tactile, electric and visual stimuli. Electroencephal. clin. Neurophysiol. **33**, 537–545 (1972).

Dawson, G.D.: Investigations on a patient subject to myoclonic seizures after sensory stimulation. J. Neurol. Neurosurg. Psychiat. **10**, 141–162 (1947a).

Dawson, G.D.: Cerebral response to electrical stimulation of peripheral nerve in man. J. Neurol. Neurosurg. Psychiat. **10**, 137–140 (1947b).

Dawson, G.D.: Cerebral responses to nerve stimulation in man. Brit. med. Bull. **6**, 326–329 (1950).

Dawson, G.D.: A summation technique for the detection of small evoked potentials. Electroencephal. clin. Neurophysiol. **6**, 65–84 (1954).

Dawson, G.D.: The relative excitability and conduction velocity of sensory and motor nerve fibres in man. J. Physiol. (Lond.) **6**, 436–451 (1956).

Debecker, J., Desmedt, J.E.: Les potentiels évoqués cérébraux et les potentiels du nerf sensibles chez l'homme. Utilisation de l'ordinateur numérique Mnemotron. Acta neurol. psychiat. Belg. **64**, 1212–1248 (1964).

Debecker, J., Noel, P., Desmedt, J.E.: The use of average cerebral evoked potentials in the evalution of sensory loss in forensic medicine. Electromyography **11**, 131–135 (1971).

Deeke, L., Goode, R.C., Whitehead, G.: Einfluß von Hyperventilation, Hypoxie, Asphyxie und Hyperkapnie auf das akustisch evozierte Vertexpotential des Menschen. Z. EEG – EMG **4**, 176–181 (1973).

De Marco, P., Negrin, P.: Parietal focal spikes evoked by contralateral tactile somatotopic stimulation in four non-epileptic subjects. Electroencephal. clin. Neurophysiol. **34**, 308–312 (1973).

Desmedt, J.E.: Somatosensory cerebral evoked potentials in man. In: Handbook of Electroencephalography and Clinical Neurophysiology, Vol. 9, p. 955–982. Amsterdam: Elsevier 1971.

Desmedt, J.E., Brunko, E., Debecker, J., Carmeliet, J.: The system bandpass required to avoid distortion of early components when averaging somatosensory evoked potentials. Electroencephal. clin. Neurophysiol. **37**, 407–410 (1974).

110

Desmedt, J.E., Debecker, J., Manil, J.: Mise en évidence d'un signe électrique cérébral associé à la détection par le sujet, d'un stimulus sensoriel tactile. Bull. acad. med. Belg. **5**, 887–936 (1965).

Desmedt, J.E., Franken, L., Borenstein, S., Debecker, J., Lambert, C., Manil, J.: Le diagnostic des ralentissements de la conduction afférente dans les affections des nerfs périphériques: Intérèt de l'extraction du potentiel évoqué cérébral. Rev. neurol. **115**, 255–262 (1966a).

Desmedt, J.E., Manil, J., Borenstein, S., Debecker, J., Lambert, C., Franken, L., Danis, A.: Evalution of sensory nerve conduction from averaged cerebral evoked potentials in neuropathies. Electromyography **6**, 263–269 (1966b).

Desmedt, J.E., Noel, P.: Average cerebral evoked potentials in the evalution of lesions of the sensory nerves and of the central somato-sensory pathway. In: New Developments in Electromyography and Clinical Neurophysiology, Vol. 2, p. 352–371. Basel: Karger 1973a.

Desmedt, J.E., Noel, P., Debecker, J., Mamèche, J.: Maturation of afferent conduction velocity as studied by sensory nerve potentials and by cerebral evoked potentials. In: New Developments in Electromyography and Clinical Neurophysiology, Vol. 2, p. 52 –63. Basel: Karger 1973b.

Dimov, S., Breffeilh, J.L., Menini, C., Naquet, R.: Etude des potentiels évoqués visuels chez des jumelles présentant une photosensibilité excessive. Rev. electroencephal. neurophysiol. clin. **2**, 308–311 (1972).

Dolce, G., Fromm, H., Ionescu, A.: Reaktionspotentiale beim Appalischen Syndrom. Z. EEG – EMG **2**, 95–100 (1972).

Domino, E.F., Matsurka, S., Waltz, J., Cooper, S.: Effects of cryogenic thalamic lesions on the somesthetic evoked response in man. Electroencephal. clin. Neurophysiol. **19**, 127–138 (1965).

Drechsler, F.: Somatosensory and visual evoked potentials in patients with brain tumours. Electroencephal. clin. Neurophysiol. **34**, 737 (1973).

Drechsler, F.: Somatosensorische und visuelle evozierte Potentiale bei Hirntumoren. Vortr. 20. Jahrestagung Dtsch. EEG-Gesellsch. in Münster, 29.9.–3.10.1975.

Dubouloz, P., Kaphan, G., Corriol, J., Chau-Huu, D.: Sur une relation mathématique régissant la chronologie des potentiels évoqués. J. Physiol. (Paris) **81**, 367–385 (1969).

Dzialek, E.: Diagnostische Bedeutung der elektrischen Aktivität der Medulla spinalis. Z. EEG – EMG **6**, 10–13 (1975).

Ebe, M., Meier-Ewert, K.-H., Broughton, R.: Effects of intravenous diazepam (Valium) upon evoked potentials of photosensitive epileptic and normal subjects. Electroencephal. clin. Neurophysiol. **27**, 429–435 (1969).

Ehrenberger, K., Finkenzeller, P., Keidel, W.D., Plattig, K.H.: Elektrophysiologische Korrelation der Stevens'schen Potenzfunktion und objektive Schwellenmessung am Vibrationssinn des Menschen. Pflüger's Arch. ges. Physiol. **290**, 114–123 (1966).

Ellingson, R.J.: Clinical applications of evoked potential techniques in infants and children. Electroencephal. clin. Neurophysiol. **24**, 293 (1968).

Ertekin, C.: Human evoked electrospinogram. In: New Developments in Electromyography and Clinical Neurophysiology, Vol. 2, p. 344–351. Basel: Karger 1973.

Ervin, F.R., Mark, V.H.: Studies of the human thalamus: IV. Evoked responses. Ann. N.Y. Acad. Sci. **112**, 81–92 (1964).

Faidherbe, J., Joachim, M., Dauthine, A., Deliège, M.: Quantification du degré d'asymétrie des potentiels évoqués visuels moyens enregistrés en E.E.G. dans des cas pathologiques. Rev. D'E.E.G. Neurophysiol. 2, 302–307 (1972).

Feinsod, M., Bach-Y-Rita, P., Madey, J.M.J.: Somatosensory evoked responses: Latency differences in blind and sighted persons. Brain Res. 60, 219–223 (1973).

Ferries, G.S.: Somatosensory evoked responses in callosal agenesis. Electroencephal. clin. Neurophysiol. 35, 442 (1973).

Fichsel, H.: Visual evoked potentials in prematures, newborn infants and children by stimulation with colored light. Electroencephal. clin. Neurophysiol. 27, 660 (1969).

Finkenzeller, P.: Gemittelte EEG-Potentiale bei olfaktorischer Reizung. Pflüger's Arch. ges. Physiol. 292, 76–80 (1966).

Forster, F.M., Penfield, W., Jaspers, H., Madow, L.: Focal epilepsy, sensory precipitation and evoked cortical potentials. Electroencephal. clin. Neurophysiol. 1, 349–356 (1949).

Franzen, O., Offenloch, K.: Evoked response correlates of psychophysical magnitude estimates for tactile stimulation in man. Exp. Brain Res. 8, 1–18 (1969).

Frohstorfer, H.: Der Einfluß von Reizfolgefrequenz, Reizanzahl und Reizort auf die Intensitätsabhängigkeit vibratorisch ausgelöster corticaler Antworten beim Menschen. Med. Diss. 1966, Erlangen.

Funakoshi, M., Kawamura, Y.: Summated cerebral evoked responses to taste stimuli in man. Electroencephal. clin. Neurophysiol. 30, 205–209 (1971).

Galin, D., Ellis, R.R.: Asymmetry in evoked potentials as an index of lateralized cognitive processes: Relation to EEG alpha asymmetry. Neurophsychologia 13, 45–50 (1975).

Ganglberger, J.A., Gross-Knapp, E., Haider, M.: Evoked potentials of different sense modalities in the human thalamus. Electroencephal. clin. Neurophysiol. 29, 318 (1970).

Gartside, I.B., Lippold, O.C.J., Meldrum, B.S.: The evoked cortical somatosensory response in normal man and its modification by oral lithium carbonate. Electroencephal. clin. Neurophysiol. 20, 382–390 (1966).

Gastaut, H., Régis, H., Lyagoubi, S, Mano, T., Simon, L.: Comparison of the potentials recorded from the occipital, temporal and central regions of the human scalp, evoked by visual, auditory and somatosensory stimuli. Electroencephal. clin. Neurophysiol., Suppl. 26, 19–28 (1967).

Geruli, G., Giesen, M., Mrowinski, D.: Registrierung olfaktorischer evozierter Potentiale für die klinische Diagnostik. Z. EEG – EMG 6, 37–40 (1975).

Gestring, G.F., Jantsch, H.: EEG-Computer-Analyse zur objektiven Registrierung der Reizantwort auf periphere elektrische Stimuli. Wien. klin. Wschr. 81, 83–86 (1969).

Giblin, D.R.: The effect of lesions of the nervous system on cerebral responses to peripheral nerve stimulation. Electroencephal. clin. Neurophysiol. 12, 262 (1960).

Giblin, D.R.: Somatosensory evoked potentials in healthy subjects and in patients with lesions of the nervous system. Ann. N.Y. Acad. Sci. 112, 93–142 (1964).

Gilliatt, R.W., Le Quesne, P.M., Logue, V., Summer, A.J.: Wasting of the hand associated with a cervical rib of hand. J. Neurol. Neurosurg. Psychiat. 33, 615–624 (1970).

Giurgea, C.E., Moyersoons, F.: Über die Pharmakologie cortical evozierter Potentiale. Arch. int. Pharmacodyn. Therap. 199, 1, 67–78 (1972).

Gnezditskiy, V.V.: To the analysis of evoked potentials in healthy subjects and patients with focal lesions of the brain. Zh. vyssh. nerv. Deyat. Pavlova 24, 580–589 (1974).

Götte, J., Kubicki, St., Kühn, K., Stölzel, R.: Klinische Anwendung somato-sensorisch evozierter kortikaler Potentiale. II. Untersuchungen an Patienten einer Reanimations-Abteilung. Z. EEG – EMG 4, 86–97 (1973).

Goff, W.R., Rosner, B.S., Allison, T.: Distribution of cerebral somatosensory evoked responses in normal man. Electroencephal. clin. Neurophysiol. 14, 697–713 (1962).

Green, J.B.: Cerebral evoked responses in epilepsy. Electroencephal. clin. Neurophysiol. 27, 666–667 (1969).

Green, J.B.: Reflex epilepsy. Epilepsia 12, 225–234 (1971).

Grey Walter, W.: Evoked response general. In: Handbook of Electroencephalography and Clinical Neurophysiology, Vol. 8, p. 20–32. Amsterdam: Elsevier 1975.

Haider, M.: Vigilance, attention, expectation and cortical evoked potentials. Acta psychol. (Amst.) 27, 246–252 (1967).

Halliday, A.M.: Changes in the form of cerebral evoked responses in man associated with various lesions of the nervous system. Electroencephal. clin. Neurophysiol., Suppl. 25, 178–192 (1967a).

Halliday, A.M.: Cerebral evoked potentials in familial progressive myoclonic epilepsy. J. Roy. Coll. Phycns. (Lond.) 1, 123–134 (1967b).

Halliday, A.M.: The effect of lesions of the afferent pathways and cerebrum on the somatosensory response. In: Handbook of Electroencephalography and Clinical Neurophysiology, Vol. 8, p. 129–137. Amsterdam: Elsevier 1975.

Halliday, A.M., Halliday, E.: Cortical evoked potentials in patients with benign essential myoclonus and progressive myoclonic epilepsy. Electroencephal. clin. Neurophysiol. 29, 106–107 (1970).

Halliday, A.M., Mason, A.A.: The effect of hypnotic anaesthesia on cortical responses. J. Neurol. Neurosurg. Psychiat. 27, 300–312 (1964).

Halliday, A.M., Wakefield, G.S.: Cerebral evoked potentials in patients with dissociated sensory loss. J. Neurol. Neurosurg. Psychiat. 26, 211–219 (1963).

Handwerker, H.O., Zimmermann, M.: Cortical evoked responses upon selective stimulations of cutaneus group. III. Fibers and the mediating spinal pathways. Brain Res. 36, 437–440 (1972).

Harter, M.R., Salmon, L.E.: Intramodality selective attention and evoked cortical potentials to randomly presented patterns. Electroencephal. clin. Neurophysiol. 32, 605–613 (1972).

Hazemann, P.: Les potentiels évoqués moyens en pathologie. Cahiers de Médecine 13, 1057–1068 (1972).

Hazemann, P., Dupont, E., Olivier, L.: Somaesthetic evoked potentials recorded on the scalp in six cases of hemispherectomy. Electroencephal. clin. Neurophysiol. 28, 645 (1970).

Hazemann, P., Olivier, L., Dupont, E.: Potentiels évoqués somestésiques recueillis sur le scalp chez 6 hemisphèrectomisés. Rev. neurol. 121, 246–257 (1969).

Hensel, H.: Allgemeine Sinnesphysiologie – Hautsinne, Geschmack, Geruch. Berlin–Heidelberg–New York: Springer 1966.

Herberhold, C.: Nachweis und Reizbedingungen olfaktorisch und rhinosensible evozierter Hirnrindensummenpotentiäle sowie Konzept einer klinischen Computer-Olfaktometrie. Opladen: Westdeutscher Verlag 1973.

Hernandez-Peon, R., Chavez-Ibarra, G., Aguilar-Figueroa, E.: Somatic evoked potentials in one case of hysterical anaesthesia. Electroencephal. clin. Neurophysiol. 15, 889–892 (1963).

Hodes, R., Gribetz, I., Moskowitz, J.A., Wagman, I.H.: Low threshold associated with slow conduction velocity. Arch. Neurol. **12**, 510–526 (1965).

Hopf, H.C.: Impulsleitung im peripheren Nerven. In: Elektromyographie (H.C. Hopf, A. Struppler, Hrsg.). Stuttgart: Thieme 1974.

Hopf, H.C., Lowitzsch, K.: Methoden zur Erkennung leichter Funktionsstörungen peripherer Nerven. Z. EEG – EMG **5**, 142–150 (1974).

Hrbkova, M.: Somatosensory responses evoked by tendon taps in normal adults and neurologic patients. Electroencephal. clin. Neurophysiol. **27**, 669 (1969).

Jörg, J.: Pathologische somatosensorische Reizantwortpotentiale bei neurologischen Erkrankungen ohne Sensibilitätsstörungen. Nervenarzt **44**, 248–254 (1973).

Jörg, J.: Die cervicale Myelopathie als differentialdiagnostische Erwägung bei Gehstörungen im mittleren und höheren Alter. Nervenarzt **45**, 341–353 (1974).

Jörg, J.: Cortical somatosensoric evoked potentials to localize the focus of symptomatic epilepsy. In: Epileptology (D. Janz, Hrsg.), S. 351–357. Stuttgart: Thieme 1976.

Jörg, J.: Zur Aussagekraft neurophysiologischer Untersuchungsmethoden bei der differentialdiagnostischen Klärung spinaler raumfordernder Prozesse. In: Spinale raumfordernde Prozesse (W. Schiefer, H.H. Wiek, Hrsg.), S. 93–97. Erlangen: Straube 1976.

Jörg, J.: Die Beurteilung traumatischer Schäden an Rückenmark und Wirbelsäule. Vortrag auf dem 17. Neurologischen Fortbildungskurs in Düsseldorf, Mai 1975. Med. Welt **27**, 603–610 (1976).

Jörg, J.: Die Neurographie der Cauda equina zur Differenzierung lumbosacraler Erkrankungen. Nervenarzt **47**, 682–686 (1976).

Jörg, J., Baust, W., Körfer, G.: Neue Aspekte zur Zusammenhangsfrage cardialer und spinaler Kreislaufstörungen. Nervenarzt **47**, 112–117 (1976).

Jörg, J., Becker, J., Hartung, G.: Neue Aspekte zur Caisson-Krankheit. Nervenarzt **46**, 348–354 (1975).

Johnson, D., Jürgens, R., Kongehl, G., Kornhuber, H.H.: Evoked potentials, Alpharhythmus und Wahrnehmungsgröße im Tastsinn des Menschen in bezug zum Receptor- und Neuronverhalten. Vortrag auf der 19. Jahrestagung der Deutschen EEG-Gesellschaft in Göttingen, 1974.

Kaeser, H.H.: Elektromyographie in der Diagnostik von Nervenkompressionssyndromen und therapeutische Indikationsstellung zur Dekompression. Therap. Umsch. **32**, 415–419 (1975).

Keidel, W.D.: What do we know about the human cortical evoked potential after all? Arch. klin. exp. Ohr.-, Nasen- u. Kehlk.-Heilk. **198**, 9–37 (1971).

Kirpichenko, A.A., Loginov, G.V.: Various features of the evoked potentials to light in epilepsy patients. Zh. Nevropat. Psikhiat. **73**, 1648–1652 (1973).

Koivikko, M.J.: Grundeigenschaften des evozierten Nacken-Potentials. Z. EEG – EMG **6**, 55–58 (1975a).

Koivikko, M.J.: Die Leitgeschwindigkeit der verantwortlichen afferenten peripheren Fasern für das somatosensorische und für das im Nacken evozierte Potential. Z. EEG–EMG **6**, 58–63 (1975b).

Kooi, K.A., Güvener, A.M., Bagchi, B.K.: Visual evoked responses in lesions of the higher optic pathways. Neurology (Minneap.) **15**, 841–854 (1965).

Kühn, K., Götte, J., Stölzel, R., Götze, W.: Klinische Anwendung somato-sensorisch evozierter kortikaler Potentiale. I. Untersuchungen mit starken und schwachen Reizen an Gesunden. Z. EEG – EMG **4**, 81–85 (1973).

114

Kuhlendahl, H.: Versuch einer Begründung der Pathologie der Neuralgien. Habilitationsschrift, Düsseldorf 1953.

Laget, P., Mamo, H., Houdart, R.: De l'intérêt des potentiels évoqués somesthésiques
dans l'étude des lesions du lobe parietal de l'homme. Neurochirurgie (Paris) 13, 841–
853 (1967).

Laget, P., Raimbault, J., Thieriot-Prevost, G.: L'évolution des potentiels évoqués somesthésiques chez le nourrisson normal durant les deux premiers mois de la vie. C.R.
Soc. Biol. (Paris) 167, 649–654 (1973a).

Laget, P., Raimbault, J., Thieriot-Prevost, G.: Premiers résultats à propos des potentiels
évoqués somesthésiques (P.E.S.) homolatéraux chez l'enfant. C.R. Soc. Biol. (Paris)
167, 421–426 (1973b).

Lahoda, F., Ross, A., Issel, W.: EMG-Fibel. Frankfurt: Barth 1973.

Larson, S.J., Sances, A., Christensen, C.P.: Evoked somatosensory potentials in man.
Arch. Neurol. 15, 88–93 (1966).

Larsson, L.E., Prevec, T.S.: Somato-sensory response to mechanical stimulation as recorded in the human EEG. Electroencephal. clin. Neurophysiol. 28, 162–172 (1970).

Lee, R.G., White, D.G.: Modification of somatosensory evoked responses by voluntary
movement. Electroencephal. clin. Neurophysiol. 37, 435 (1974).

Levonian, E.: Evoked potential in relation to subsequent alpha frequency. Science 152,
1280–1282 (1966).

Levy, R., Behrmann, J.: Cortical evoked responses in hysterical hemianaesthesia. Electroencephal. clin. Neurophysiol. 29, 400–402 (1970).

Levy, R., Isaacs, A., Behrman, J.: Neurophysiological correlates of senile dementia: II.
The somatosensory evoked response. Psychol. Med. 1, 159–165 (1971).

Levy, R., Mushin, J.: The somatosensory evoked response in patients with hysterical
anaesthesia. J. Psychosom. Res. 17, 81–84 (1973).

Lewis, E.G., Dustman, R.E., Beck, E.C.: Evoked response similarity in monozygotic,
dizygotic and unrelated individuals: A comparative study. Electroencephal. clin.
Neurophysiol. 32, 309–316 (1972).

Lewis, E.G., Dustman, R.E., Peters, B.A., Straight, R.C., Beck, E.C.: The effects of
varying doses of Δ^9-Tetrahydrocannabinol on the human visual and somatosensory
evoked response. Electroencephal. clin. Neurophysiol. 35, 347–354 (1973).

Liberson, W.T.: Study of evoked potentials in aphasics. Amer. J. phys. Med. 45, 135–
142 (1966).

Lille, F., Lerique, A., Pottier, M., Scherrer, J., Thieffry, S.: Les reponses évoqués corticales au cours du coma chez l'enfant. La presse medicale 76, 1411–1414 (1968).

Ludin, H.-P.: Pathophysiologische Grundlagen elektromyographischer Befunde bei Neu-
ropathien und Myopathien. Stuttgart: Thieme 1973.

Lücking, C.H., Creutzfeldt, O.D.: Visual evoked potentials in epileptic patients. Electroencephal. clin..Neurophysiol. 28, 216 (1970a).

Lücking, C.H., Creutzfeldt, O.D., Heinemann, U.: Visual evoked potentials of patients
with epilepsy and of a control group. Electroencephal. clin. Neurophysiol. 29, 557–
566 (1970b).

Lüders, H.: The effects of aging on the wave form of the somatosensory cortical evoked
potentials. Electroencephal. clin. Neurophysiol. 29, 450–460 (1970).

Mallecourt, J., Ekholm, J., Verley, R., Scherrer, J.: Evolution des activités évoqués somesthésiques corticales chez les mammifères. Rev. EEG Neurophysiol. 4, 37–52 (1974).

Mamoli, B., Pateisky, K.: Untersuchungen der Nervenleitgeschwindigkeit bei hereditärer sensorischer Neuropathie. Z. EEG — EMG 3, 167—170 (1972).

Matthews, W.B., Beauchamp, M., Small, D.G.: Cervical somato-sensory evoked responses in man. Nature 252, 230—232 (1974).

Mayer, R.F.: Nerve conduction studies in man. Neurology 13, 1021—1030 (1963).

Meier-Ewert, K., Broughton, R.J.: Photomyoclonic response of epileptic and non-epileptic subjects during wakefulness, sleep and arousal. Electroencephal. clin. Neurophysiol. 23, 142—151 (1967).

Meier-Ewert, K., Hümme, U., Dahm, J.: New evidence favouring long loop reflexes in man. Arch. Psychiat. Nervenkr. 215, 121—128 (1972).

Meier-Ewert, K., Hoffmann, J.: Epilepsie und Sinnesreize. Klinische und klinisch-neurophysiologische Aspekte. Nervenarzt 44, 225—233 (1973).

Meyjes, F.E.P.: Some characteristics of the early components of the somatosensory evoked response to mechanical stimuli in man. Psychiat. Neurol. Neurochir. 72, 263—268 (1969).

Meyjes, F.E.P.: Some aspects of mechanically evoked somato-sensory responses in neurological patients. Electroencephal. clin. Neurophysiol. 28, 427 (1970).

Miyoshi, S., Lüders, H., Motohiro, K., Kuroiwa, Y.: The somatosensory evoked potential in patients with cerebro-vascular diseases. Fol. psychiat. Neurol. Jap. 25, 9—25 (1971).

Moldofsky, H.: Facilitation of somatosensory average-evoked potentials in hysterical anaesthesia and pain. Arch. Gen. Psychiat. 32, 193—197 (1975).

Moody, J.F.: Bedeutung der Elektromyographie für Diagnose und Therapie der Akroparaesthesien. Münch. med. Wschr. 117, 1083—1086 (1975).

Morocutti, C., Sommer-Smith, J.A., Creutzfeldt, O.: Das visuelle Reaktionspotential bei normalen Versuchspersonen und charakteristischen Veränderungen bei Epileptikern. Arch. Psychiat. Nervenkr. 208, 234—254 (1966).

Mortier, W.: Diagnostik neuromuskulärer Erkrankungen im Kindesalter, Bedeutung elektrodiagnostischer und histologisch-enzymhistochemischer Untersuchungen. Habilitationsschrift, Düsseldorf 1971a.

Mortier, W.: Die sensible Nervenleitgeschwindigkeit bei Frühgeborenen, Neugeborenen und älteren Kindern. Mschr. Kinderheilk. 119, 282—284 (1971b).

Mortier, W.: Somatosensorisch evozierte Potentiale im Kindesalter. Normdaten und vorläufige Ergebnisse klinischer Anwendung. Vortrag auf der 19. Jahrestagung der Deutschen EEG-Gesellschaft, Göttingen 1974.

Mortillaro, M., Emser, W.: Über Reaktionspotentiale aus dem Rückenmark. Vortrag auf der 19. Jahrestagung der Deutschen EEG-Gesellschaft, Göttingen 1974a.

Mortillaro, M., Emser, W.: Über die Reizantwortpotentiale aus dem zervikalen Rückenmark. Med. Welt 25, 1690—1693 (1974b).

Mumenthaler, M., Schliack, H.: Laesionen peripherer Nerven. Stuttgart: Thieme 1965.

Nakanishi, T., Shimada, Y., Toyokura, Y.: Somatosensory evoked responses to mechanical stimulation in normal subjects and in patients with neurological disorders. Electroencephal. clin. Neurophysiol. 34, 709 (1973a).

Nakanishi, T., Shimada, Y., Toyokura, Y.: Somatosensory evoked responses to mechanical stimulation in normal subjects and in patients with neurological disorders. J. Neurol. Sci. 21, 289—298 (1974).

Nakanishi, T., Takita, K., Toyokura, Y.: Somatosensory evoked responses to tactile tap in man. Electroencephal. clin. Neurophysiol. 34, 1—6 (1973b).

Namerow, N.S.: Somatosensory evoked responses in multiple sclerosis with varying sensory loss. Neurology 18, 1197–1204 (1968).

Namerow, N.S.: Somatosensory recovery functions in multiple sclerosis patients. Neurology 20, 813–817 (1970).

Namerow, N.S., Enns, N.: Visual evoked responses in patients with multiple sclerosis. J. Neurol. Neurosurg. Psychiat. 35, 829–833 (1972).

Namerow, N.S., Sclabassi, R.J., Enns, N.F.: Somatosensory responses to stimulus trains: Normative data. Electroencephal. clin. Neurophysiol. 37, 11–21 (1974).

Netter, F.H.: Nervous System. In: The Ciba collection of medical illustrations 1, 58 (1974)

Noel, P.: Etude de la conduction afférente dans le nerf saphène externe par la technique des potentiels évoqués cérébraux. Rev. neurol. (Paris) 131, 193–210 (1975).

Noel, P., Desmedt, J.E.: Somatosensory cerebral evoked potentials after vascular lesions of the brain-stem and diencephalon. Brain 98, 113–128 (1975).

Norrsell, U.: An evoked potential study of spinal pathways projecting to the cerebral somatosensory areas in the dog. Exp. Brain Res. 2, 261–268 (1966).

Oester, Y.T., Zalis, A.W., Rodriquez, A.A.: Possible diagnostic apllications of sensory evoked potentials. Arch. phys. med. Rehabil. 53, 21–27 (1972).

Oftedahl, S.I., Bachen, N.I., Lundervold, A., Sawhney, B.B.: Die Verwendung der Reaktionspotentiale (evoked potentials) für die Bewertung des Hirntodes. Z. EEG – EMG 1, 211 (1970).

Ogashiwa, M., Fujitani, Y., Aoki, H.: Somatosensory evoked potentials in patients with motor disturbances. Clin. Neurol. (Tokyo) 12, 116–125 (1972).

Pagni, C.A.: Somato-sensory evoked potentials in thalamus and cortex of man. Electroencephal. clin. Neurophysiol., Suppl. 26, 147–155 (1967).

Pampligione, G.: Some observations on the variability of evoked potentials. Electroencephal. clin. Neurophysiol., Suppl. 26, 97–99 (1967).

Perot, Ph.L.: The clinical use of somatosensory evoked potentials in spinal cord injury. Clin. Neurosurg. 20, 367–381 (1973).

Pfurtscheller, G.: Informationsverarbeitung im Menschen: Verhalten kortikaler Reizantworten bei konstanter und variabler Reizintensität. Acta biol. med. Ger. 26, 779–790 (1971).

Plattig, K.H.: On the specific of single human tongue papillae studied by electric stimulation. In: Olfaction and Taste IV., p. 323–328. Stuttgart: Wissenschaftliche Verlagsgesellschaft 1972.

Poliakova, A.G.: Origin of the early component of the evoked response in the association cortex of the cat. Electroencephal. clin. Neurophysiol. 32, 129–138 (1972).

Rabe, F., Wahl, G.: Zwanghaftes Musterbetrachten. In: Psychische Störungen bei Epilepsie, S. 203–209. Stuttgart: Schattauer 1973.

Richey, E.T., Kooi, K.A., Waggoner, R.W.: Visually evoked responses in migraine. Electroencephal. clin. Neurophysiol. 21, 23–27 (1966).

Ricker, K., Trissler, F.: Analyse der Leitungsgeschwindigkeiten an Hand evozierter Potentiale bei myatrophischer Ataxie. Vortrag auf der 19. Jahrestagung der Deutschen EEG-Gesellschaft, Göttingen 1974.

Rohen, J.W.: Funktionelle Anatomie des Nervensystems. Stuttgart: Schattauer 1971.

Rosenfalck, A.: Peripheral nerve. In: Handbook of Electroencephalography and Clinical Neurophysiology, Vol. 9, p. 22–32. Amsterdam: Elsevier 1971.

Sabelli, H.C., Bartizal, F., Giardina, W.J., Myles, S.B.: Effects of alpha-adrenergic blockers on visual evoked responses in rabbits. Electroencephal. clin. Neurophysiol. 33, 321–324 (1972).

Salamy, A., Williams, H.L.: The effects of alcohol on sensory evoked and spontaneous cerebral potentials in man. Electroencephal. clin. Neurophysiol. 35, 3–11 (1973).

Saletu, B.: Das evozierte Potential. Eine Methode zur Bestimmung des psychotropen Effektes von Pharmaka in der Humanpharmakologie. Z. EEG – EMG 5, 206–215 (1974).

Saletu, B., Itil, T.M., Saletu, M.: Evoked responses after hemispherectomy. Confin. neurol. 33, 221–230 (1971a).

Saletu, B., Saletu, M., Itil, T.M., Coffin, C.: Effect of stimulatory drugs on the somatosensory evoked potential in man. Pharmakopsychiat. 5, 129–136 (1972).

Saletu, B., Saletu, M., Itil, T.M., Marasa, J.: Somatosensory evoked potential changes during haloperidol treatment of chronic schizophrenics. Biol. Psychiat. 3, 299–307 (1971b).

Satran, R., Goldstein, M.N.: Pain perception: Modification of threshold of intolerance and cortical potentials by cutaneous stimulation. Science 180, 1201–1202 (1973).

Schadé, J.P.: Einführung in die Neurologie. Stuttgart: Fischer 1970.

Schadé, J.P.: Die Funktion des Nervensystems. Stuttgart: Fischer 1973.

Schenkenberg, T., Dustman, R.E., Beck, E.C.: Changes in evoked responses related to age, hemisphere and sex. Electroencephal. clin. Neurophysiol. 30, 163–164 (1971).

Schliack, H.: Radiculär bedingte Beschwerden und ihre Differentialdiagnose. Therap. Umsch. 32, 410–414 (1975).

Schwartz, M., Shagass, Ch.: Recovery functions of human somatosensory and visual evoked potentials. Ann. N.Y. Acad. Sci. 112, 510–526 (1964).

Schwartz, M., Shagass, Ch., Bittle, R., Flapan, M.: Dose related effects of pentobarbital on somatosensory evoked responses and recovery cycles. Electroencephal. clin. Neurophysiol. 14, 898–903 (1962).

Sclabassi, R.J., Namerow, N.S., Enns, N.F.: Somatosensory response to stimulus trains in patients with multiple sclerosis. Electroencephal. clin. Neurophysiol. 37, 23–33 (1974).

Sears, T.A.: Action potentials evoked in digital nerves by stimulation of mechanoreceptors in the human finger. J. Physiol. (Lond.) 148, 30–31 (1959).

Shagass, Ch., Schwartz, M.: Recovery functions of somatosensory peripheral nerve and cerebral evoked responses in man. Electroencephal. clin. Neurophysiol. 17, 126–135 (1964).

Shagass, Ch., Schwartz, M.: Age, personality, and somatosensory cerebral evoked responses. Science 148, 1359–1361 (1965).

Shagass, Ch., Schwartz, M., Amadeo, M.: Some drug effects on evoked cerebral potentials in man. J. Neuropsychiat. 3, 49–58 (1962).

Shagass, Ch., Schwartz, M., Straumanis, J.J.: Subjects factors related to variability of averaged evoked responses. Electroencephal. clin. Neurophysiol. 20, 93–98 (1966).

Shagass, Ch., Overton, D.A., Straumanis, J.J.: Sex differences in somatosensory evoked responses related to psychiatric illness. Biol. Psychiat. 5, 295–309 (1972).

Sherwin, I.: Differential action of diazepam on evoked cerebral responses. Electroencephal. clin. Neurophysiol. 30, 445–452 (1971).

Shimoji, K., Higashi, H., Kano, T.: Epidural recording of spinal electrogram in man. Electroencephal. clin. Neurophysiol. 30, 236–239 (1971).

Shimoji, K., Kano, T., Morioka, T., Ikezono, E.: Evoked spinal electrogram in a quadriplegic patient. Electrocephal. clin. Neurophysiol. **35**, 659–662 (1973).

Smith, D.B., Allison, T., Goff, W.R., Principato, J.J.: Human odorant evoked responses: Effects of trigeminal or olfactory deficit. Electroencephal. clin. Neurophysiol. **30**, 313–317 (1971).

Sobotta-Becher: Atlas der Anatomie des Menschen. Teil 3. München: Urban und Schwarzenberg 1962.

Sokolova, A.A.: Evoked responses to cutaneous electrical stimulation in human EEG with a focus of pathological activity. Zh. vyssh. nerv. Deyat. Pavlova **5**, 878–886 (1965).

Speckmann, E.-J., Caspers, H.: Neurophysiologische Grundlagen der Provokationsmethoden in der Elektroencephalographie. Z. EEG – EMG **4**, 157–167 (1973).

Spreng, M.: Korrelationen zwischen Hautstromänderungen, evozierten Potentialen und Empfindungsgrößen beim Schmerzsinn. Pflüger's Arch. ges. Physiol. **312**, R 129 (1969).

Stein, J.: Physiologie und Pathologie der Sensibilität. Fortschr. Neurol. Psychiat. **2**, 408–416 (1930).

Stohr, P.E., Goldring, S.: Origin of somatosensory evoked scalp responses in man. J. Neurosurg. **31**, 117–127 (1969).

Storm van Leeuwen, W.: Significance of evoked responses for clinical diagnosis. Introduction. In: Handbook of Electroencephalography and Clinical Neurophysiology, Vol. 8, p. 109–110. Amsterdam: Elsevier 1975.

Stowell, H.: Signal averaging the human somatosensory evoked response: A focal evoked response? Psychophysiology **9**, 634–639 (1972).

Straumanis, J.J., Shagass, Ch., Overton, D.A.: Somatosensory evoked responses in down syndrome. Arch. gen. Psychiat. **29**, 544–549 (1973).

Straumanis, J.J., Shagass, Ch., Overton, D.A.: Evoked responses in Down's syndrome of young adults. Electroencephal. clin. Neurophysiol. **29**, 324 (1974).

Straumanis, J.J., Shagass, Ch., Schwartz, M.: Visually evoked cerebral response change associated with chronic brain syndromes and aging. J. Geront. **20**, 498–506 (1965).

Struppler, A.: Elektromyographie der zentralen Innervationsstörungen. In: Elektromyographie (H.C. Hopf, A. Struppler, Hrsg.), S. 166–200. Stuttgart: Thieme 1974.

Tackmann, W., Lehmann, H.J.: Refractory period in human sensory nerve fibres. Europ. Neurol. **12**, 277–292 (1974a).

Tackmann, W., Ullerich, D., Cremer, W., Lehmann, H.J.: Nerve conduction studies during the relative refractory period in sural nerves of patients with uremia. Europ. Neurol. **12**, 331–339 (1974b).

Takahashi, K., Fujitani, Y.: Somatosensory and visual evoked potentials in hyperthyreoidism. Electroencephal. clin. Neurophysiol. **29**, 551–556 (1970).

Tamura, K.: Ipsilateral somatosensory evoked responses in man. Fol. psychiat. neurol. Jap. **26**, 83–94 (1972).

Tamura, K., Lüders, H., Kuroiwa, Y.: Further observations on the effects of aging on the wave form of the somatosensory cortical evoked potential. Electroencephal. clin. Neurophysiol. **33**, 325–327 (1972).

Taneli, R.: The effects of alcohol on somatosensory evoked responses in man. Pflüger's Arch. ges. Physiol., Suppl. **343**, R 82 (1973).

Thoden, U., Krainick, J.-U.: Ambulante Schmerzbehandlung durch transkutane Nerven-stimulation. Dtsch. med. Wschr. **99**, 1692–1693 (1974).

Tönnis, D.: Rückenmarkstrauma und Mangeldurchblutung. Leipzig: Barth 1963.

Trojaborg, W., Jørgensen, E.Ø.: Evoked cortical potentials in patients with "isoelectric" EEG's. Electroencephal. clin. Neurophysiol. **35**, 301–309 (1973).

Tsumoto, T., Hirose, N., Nonaka, S., Takahashi, M.: Analysis of somatosensory evoked potentials to lateral popliteal nerve stimulation in man. Electroencephal. clin. Neurophysiol. **33**, 379–388 (1972).

Tsumoto, T., Hirose, N., Nonaka, S., Takahashi, M.: Cerebrovascular disease: Changes in somatosensory evoked potentials associated with unilateral lesions. Electroencephal. clin. Neurophysiol. **35**, 463–473 (1973).

Uttal, W.R., Cook, L.: Systematic of the evoked somatosensory cortical potential: A psychophysical-electrophysiological comparison. Ann. N.Y. Acad. Sci. **142**, 60–80 (1964).

Vatter, O.: Unblutige Ableitung somatosensorischer Antworten von afferenten Nerven und der Hirnrinde des Menschen. Dtsch. Z. Nervenheilk. **190**, 273–283 (1967).

Velasco, M., Velasco, F., Machado, J., Olvera, A.: Effects of novelty, habituation, attention and distraction on the amplitude of the various components of the somatic evoked responses. Int. J. Neurosci. **5**, 101–111 (1973).

Wall, P.D.: The sensory and motor role of impulses travelling in the dorsal columns towards cerebral cortex. Brain **93**, 505–524 (1970).

Whitehorn, D., Morse, R.W., Towe, A.L.: Role of the spinocervical tract in production of the primary cortical response evoked by forepaw stimulation. Exp. Neurol. **25**, 349–364 (1969).

Wilkus, R.J., Harvey, F., Ojemann, L.M., Lettich, E.: Electroencephalogram and sensory evoked potentials. Findings in an unresponsive patient with pontine infarct. Arch. neurol. **24**, 538–544 (1971).

Williamson, P.D., Goff, W.R., Allison, T.: Somato-sensory evoked responses in patients with unilateral cerebral lesions. Electroencephal. clin. Neurophysiol. **28**, 566–575 (1970).

Woolsey, C.N., Erickson, T.C.: Study of the postcentral gyrus of man by the evoked potential technique. Transact. Amer. neurol. Ass. **75**, 50–52 (1950).

Zenkov, L.R., Losev, N.I., Mel'nichuk, P.V., Fishman, M.N.: The evoked potentials of epileptic patients. Zh. Nevropat. Psikhiat. **73**, 1643–1648 (1973).

Sachverzeichnis

Die fett gedruckten Zahlen verweisen auf die Seiten, auf denen das betreffende Stichwort ausführlich behandelt wird.

Schriftenreihe Neurologie – Neurology Series

Herausgeber: H.J. BAUER, H. GÄNSHIRT, P. VOGEL

Springer-Verlag Berlin Heidelberg New York

Advances in Neurosurgery
Volume 4

LUMBAR DISC ADULT HYDROCEPHALUS

Proceedings of the 27th Annual Meeting of the „Deutsche Gesellschaft für Neurochirurgie", Berlin; September 12–15, 1976

Editors: R. WÜLLENWEBER, M. BROCK, J. HAMER, M. KLINGER, O. SPOERRI

154 figures, 67 tables. XXII, 338 pages (12 pages in German). 1977.
DM 76,–; US $ 33.50
ISBN 3–540–08100–3

Contents: Lumbar Disc. – Adult Hydrocephalus. – Free Communications.

Volume 4 of *Advances in Neurosurgery* is dedicated to two subjects which constitute a daily challenge to the neurosurgeon.

The first part of this volume deals with the *Lumbar Disc.* Special consideration was given to the problems of recurrences and of disc hernation in youngerst and elderly patients. Prognostic and catamnestic aspects have been evaluated through an extensive joint statistic inquiry.

In the second part, attention is focused on *Adult Hydrocephalus.* The various diagnostic procedures presently employed – including those of nuclear medicine – are analyzed as concerns their significance for therapy and prognosis. The clinical applications of continuous intracranial pressure monitoring, and the pathophysiologic importance of the obtained data are discussed.

The third part of this volume contains a series of contributions on neurotraumatology (head injuries, brain edema, intensive care) and on neurophysiological topics.

K. POECK

NEUROLOGIE

Ein Lehrbuch für Studierende und Ärzte

4. neubearbeitete Auflage. 89 Abbildungen, 24 Tabellen. XV, 420 Seiten. 1977.
DM 48,–; US $ 21.20
ISBN 3–540–08087–2

Inhaltsübersicht: Untersuchungsmethoden. – Die wichtigsten neurologischen Syndrome. – Akute Zirkulationsstörungen im ZNS. – Raumfordernde intracranielle Prozesse. – Raumfordernde spinale Prozesse. – Gefäßtumoren und Gefäßmißbildungen. – Die Epilepsien. – Nicht epileptische Anfälle. – Entzündliche Krankheiten des ZNS und seiner Häute. – Multiple Sklerose. – Lues des Zentralnervensystems. – Krankheiten der Stammganglien. – Traumatische Schädigungen des Zentralnervensystems und seiner Hüllen. – Präsenile und senile Abbauprozesse des Gehirns. – Stoffwechselbedingte dystrophische Prozesse des Zentralnervensystems. – Krankheiten des peripheren Nervensystems. – Systemkrankheiten des Zentralnervensystems. – Myopathien. – Parancoplastische Syndrome. – Frühkindliche Schädigungen und Entwicklungsstörungen des Zentralnervensystems und seiner Hüllen. – Neurologische Störungen bei akuten und chronischen Arzneimittelvergiftungen.

Die 4. Auflage dieses beliebten Lehrbuches wurde völlig überarbeitet und dem neuesten Stand von Diagnostik und Therapie angepaßt. Moderne Untersuchungsmethoden, die inzwischen unentbehrlich sind, wie Ultraschall-Dopplersonographie, Discographie und craniale Computertonometrie, sind entsprechend berücksichtigt. Neue Erkenntnisse haben eine andere Bewertung der akuten Zirkulationsstörungen des ZNS bedingt. Die vorübergehenden embolischen Verschlüsse von Ästen der großen intracranialen Arterien werden ihrer klinischen Bedeutung entsprechend herausgestellt, ebenso die cerebralen Gefäßinsulte. Weiterhin ergänzt wurden die Kapitel Trauma sowie Facialisparese.

Aus den Besprechungen: Das Lehrbuch läßt sich in drei große Abschnitte unterteilen: Zuerst werden die neurologischen Untersuchungsmethoden dargestellt. Dann folgt die Beschreibung der wichtigsten neurologischen Syndrome. Schließlich wird der dritte Abschnitt nach Krankheitsbildern gegliedert. Die Darstellung ist kanpp und informativ. Sie liest sich leicht. Der Text wird durch einfache Strichzeichnungen glücklich illustriert. Der Umfang des Buches ist so, daß er sich von Studenten bewältigen läßt. Und sein Inhalt rechtfertigt die Anschaffung auch für den praktischen Arzt, der sich rasch über neurologisch-diagnostische und therapeutische Fragen orientieren will.

Therapeutische Umschau